디지털 논리회로 실험

신헌철 · 김태훈 · 이용일 · 김일진 공저

Digital Logic Circuit Experiment

신화 MB

머리말

현대의 디지털을 기초로 한 전기, 전자, 정보통신 분야의 발전은 실로 그 앞을 예측하기가 힘들 정도로 빠르게 진행되고 있다. 또한 그 범위가 실로 광범위하여 이 분야를 처음 시작할 때 자신의 전문영역을 구축하는 데는 상당한 시간이 소요된다. 그러나 어떠한 전문 분야를 선택하던 반드시 모두가 거쳐야 할 필수적인 공통과정은 있으며, 또한 이 필수적인 과정을 얼마나 충실하게 이수하느냐에 따라 앞으로 자신이 개척할 분야를 확실하고 깊게 진행시킬 수 있는 정도가 결정된다. 필자의 경우도 처음 디지털논리회로를 실험하면서 가졌던 지극히 초보적인 의문사항과 경험을 회고해볼 때 이것이 신선한 기폭제가 되어 현재의 연구 분야에 많은 도움을 주고 있는 것을 자주 경험하고 있다.

21세기 고도 정보화시대에 대비하여 다량의 정보를 신속 정확하게 전송하기 위해 컴퓨터기술과 통신기술의 바탕 위에 시스템 설계, 제작과 설치, 유지보수 및 운영관리, 디지털 회로 설계 등의 분야는 정보화 사회에서 필수적이다. 따라서 본 교재에서는 디지털 분야에 가장 기초적인 로직회로에서의 디지털회로와 관련된 분야의 디지털회로이해 및 구성 과정, 그리고 장비를 이용한 실험, 측정 결과의 이해를 돕도록 엮어 보았다.

이 책은 디지털 시스템을 공부하고 전자계산기제어 및 정보통신 산업기사 등의 실기를 준비하는 학생들에게는 매우 유익할 것으로 생각한다. 이 책의 전반적인 구성은 실험 1에서는 전자소자 및 시험 측정의 일반사항과 그 사용법에 대하여 설명하였으며, 실험 2에서부터 실험 5까지는 기본 논리 게이트의 이용에 대하여 기본 게이트 회로 실험에 중점을 두었다. 실험 6에서 실험 9까지는 가산기를 비롯한 인코더, 디코더 등 조합 논리회로 실험을 위주로 다루었으며, 실험 10에서 13까지는 디지털회로의 중요한 부분인 순차회로로 카운터 및 레지스터실험을 다루었다. 또한 실험 14부터 16까지는 그동안 실험 했던 것을 응용하는 단계로 조합회로와 순차회로 등을 활용한 응용회로로 디지털시스템에 필요한 TTL발진과 카운터를 조합한 10진 카운터, 그리고 순차회로와 디코더, LED을 활용할 수 있는 디지털 시계를 구성하는 실험으로 하여 응용능력을 배양하도록 하였다.

실험에서는 실험을 좀 더 쉽게 할 수 있도록 브레드보드에 부품 및 배선 그림을 수록하였으며, 각 실험에서는 여러 가지 수록하여 총 58개의 실험을 할 수 있도록 하여 각 장의 실험을 1회 또는 2~3회에 걸쳐서 실험할 수도 있으며, 응용논리회로의 경우는 종합과제로 활용할 수도 있도록 하였다.

끝으로 여러모로 부족한 저자가 신념만으로 이 책을 엮다 보니 많은 실수와 미흡한 점이 있을 것으로 본다. 이러한 면에 대해서는 앞으로 독자 여러분들의 끊임없는 힐책과 지도를 바라며 앞으로 계속 수정 보완할 것을 약속한다.

저자 일동

차 례

01 기초편

02 조합논리회로편

03 순차논리회로편

04 응용논리회로편

01

기 초 편

실험 01 디지털 실험 기초 및 장비

1 수동 소자

1. 저항

저항은 전류의 흐름을 억제하는 기능을 가진 부품으로서 저항 값의 단위는 옴(Ω)이 사용된다. 저항은 크게 나누어, 고정 저항과 가변 저항으로 분류되고, 사용하고 있는 재료에 따라 탄소계와 금속계로 분류된다. 저항을 규정하는 중요한 포인트는 저항값, 정격전력, 저항값의 정밀도인데 정격전력이란 저항이 견딜 수 있는 소비전력으로, 전력(W)은 전류(I)의 제곱에 저항값(R)을 곱한 식, 즉 $W = I^2R$의 식으로 구할 수 있고, 이 값은 저항기가 견딜 수 있는 전력 값으로 이 값보다 높으면 저항기가 온도가 높아지고 경우에 따라서는 탈 수도 있다. 일반적인 디지털회로나 전자회로에서 많이 사용하는 것은 1/8W, 1/4W, 1/2W 등을 사용하는데 신호회로와 같은 약한 전류에서는 1/8W로도 충분 하지만 전원 회로나 발광 다이오드 등의 전류 제어용 저항에는 생각보다도 큰 전류가 흐르므로 정격전력을 고려하여 사용해야 한다.

▼ 표 1-1. 탄소 피막 저항의 정격과 사이즈

정격전력[W]	굵기[mm]	길이[mm]
$\frac{1}{8}$	2	3
$\frac{1}{4}$	2	6
$\frac{1}{2}$	3	9

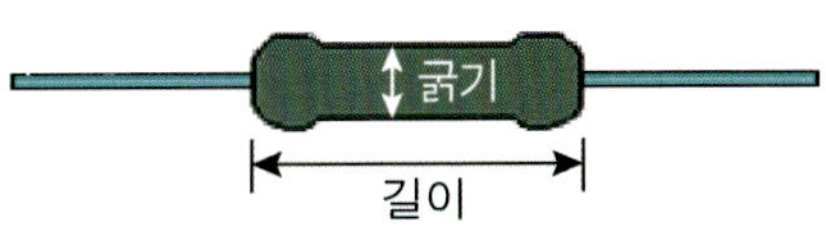

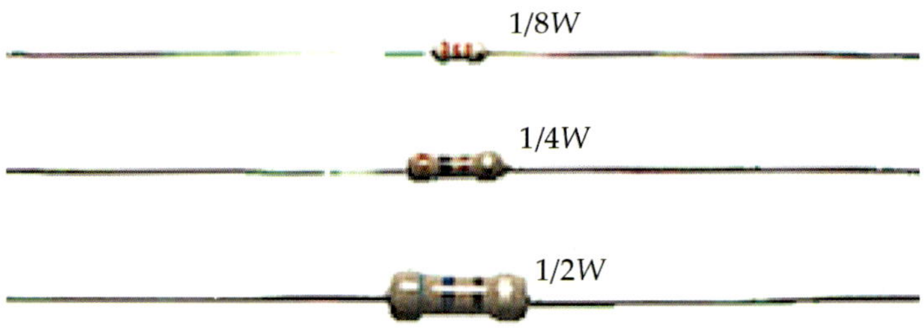

┃그림 1-1┃ 탄소피막저항

▼ 표 1-2. 저항 읽는 법(칼라코드 읽는 법)

색	수치	승수	정밀도(%)	온도 계수 ppm/℃
흑	0	0		± 250
갈	1	1	± 1	± 100
적	2	2	± 2	± 50
등	3	3	± 0.05	± 15
황	4	4		± 25
녹	5	5	± 0.5	± 20
청	6	6	± 0.25	± 10
자	7	7	± 0.1	± 5
회	8	8		± 1
백	9	9		
금		-1	± 5	
은		-2	± 10	
무			± 20	

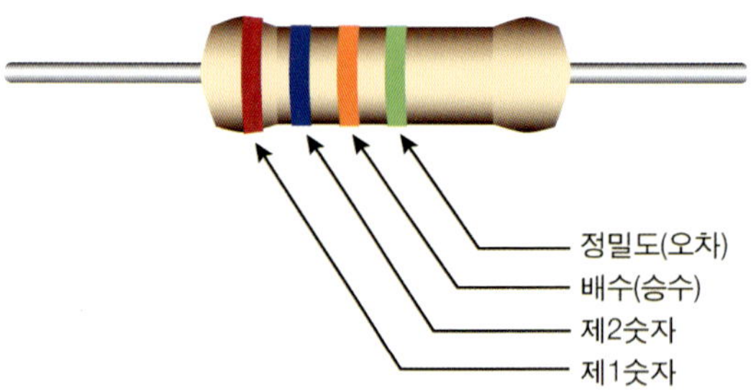

갈 = 1, 흑 = 0, 등 = 3, 금 ⇒ $10 \times 10^3 = 10k\Omega$ 정밀도(금) = ±5%

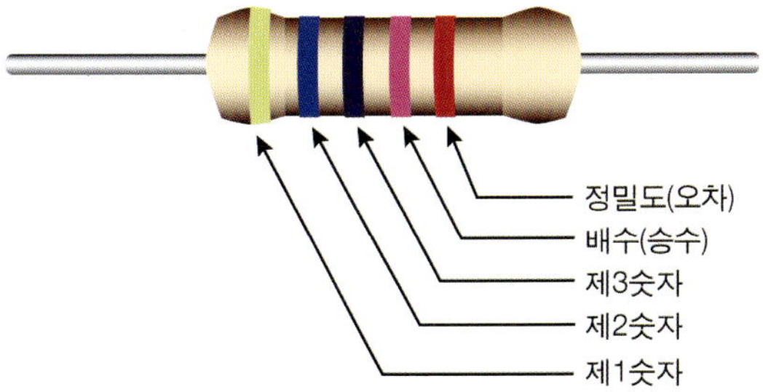

황 = 4, 자 = 7, 흑 = 0, 적 = 2 ⇒ $470\times10^2 = 47k\Omega$ 정밀도(갈) = ±1%

▌그림 1-2▐ 저항의 칼라코드

정밀도가 높은 저항의 경우 6개의 칼라 코드가 붙여지고 있는 것도 있으며, 정밀도의 다음 칼라 코드는 온도 계수를 표현한다. 칩 저항의 경우는 숫자로 표시되는데 처음 두 개 숫자는 유효숫자이고 셋째는 10의 승수를 나타내는 것으로 10^3으로 표시되어 있으면 $10\times10^3\Omega$으로 $10k\Omega$을 나타낸다.

어레이 저항은 같은 값의 다수 저항이 일체형으로 만들어져 있으며 저항의 한쪽이 내부에서 이어져 있어 복수의 LED에 전류를 공급하는 경우 등에서 실장 공간을 줄일 수 있어 사용이 편리하다.

그림 1-3의 저항은 8개의 저항이 일체형으로 연결 되어 있고, 표면에는 단순히 저항값만 표시되어 있는 타입이다. 9개의 리드가 있으며 저항값이 인쇄된 방향에서 보았을 때 제일 좌측의 리드가 공통이 된다. 같은 형태를 하고 있으나 4S470Ω 등과 같이 저항값 앞에 4S 표시가 붙어 있는 타입은 리드가 8개이며 그림의 회로와 같이 같은 용량의 독립한 저항이 여러 개 들어 있는 것이다. 이 종류의 저항의 정격전력은 1/8W가 대부분이다.

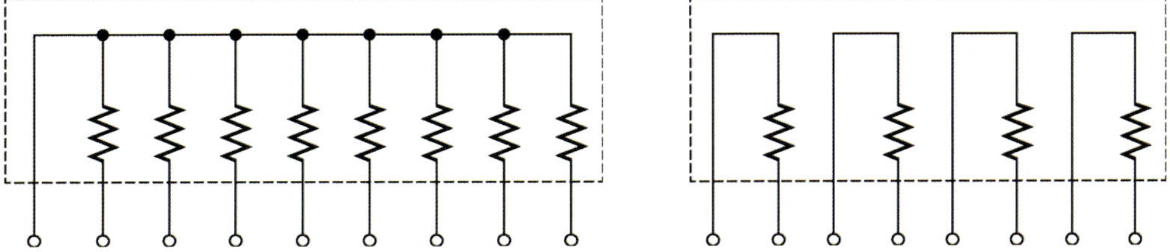

(a) 8개의 어레이저항

(b) 4개의 독립저항(4S470Ω)

▌그림 1-3▐ 어레이 저항

가변 저항은 저항 값을 바꿀 수 있는 것으로 전자회로의 부품의 불균형에 의한 동작 상태를 조정하기 위해 이용되는 반고정 저항도 있다. 가변저항, 반고정저항은 회전할 수 있는 각도가 300도 정도지만 저항값을 미세하게 조정하기 위해서 기어를 조합한 다회전(10~25회전) 구조로 설계 된 것도 있다.

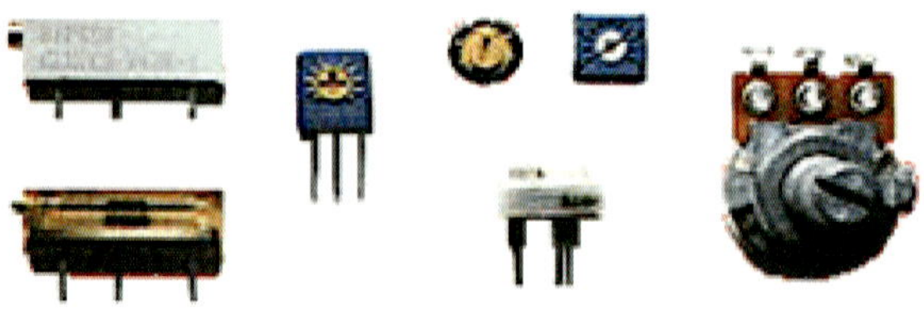

▌그림 1-4▐ 가변저항

2. 콘덴서

콘덴서는 전하를 축적하는 기능을 가지고 있으나, 전하를 축적하는 기능 외에 직류전류를 차단하고 교류전류를 통과시키려는 목적에도 사용된다. 구조는 기본적으로는 2장의 전극판을 겹치도록 대치시킨 구조로 되어 있고, 두개의 전극판을 서로 닿지 않도록 평행하게 놓고 외부에서 전원을 연결하여 회로를 구성하면 극판에는 양전하 음전하가 극판으로 공급되어 대전 상태가 된다. 극판이 대전되면 전원의 회로를 끊어도 대전된 상태로 남아 있게 되는데, 이러한 현상은 전기가 저장됨을 의미하고 충전된 상태이다. 콘덴서의 용량을 나타내는 단위는 패럿(farad : F)이 사용 된다. 일반적으로 콘덴서에 축적되는 전하용량은 매우 적기 때문에 μF나 pF의 단위가 사용된다.

세라믹 콘덴서나 마일러 콘덴서와 같이 용량이 작은 콘덴서는 기준 단위를 pF을 사용하기 때문에 용량이 30이라고 표시되어 있으면 30pF을 의미하고, 10^3이라고 표시되어 있으면 처음 두자리는 유효숫자이고 셋째자리는 10의 승수를 나타낸다. 예를 들어 10^3이라 표시되어 있으면 10×10^3pF으로 0.01μF이다. 그리고 마지막 문자는 오차를 나타내는데 10^3J이면 0.01μF±5%를 나타내는 것으로 J는 5%이내, K는 10%이내, M은 20%이내의 오차를 나타낸다.

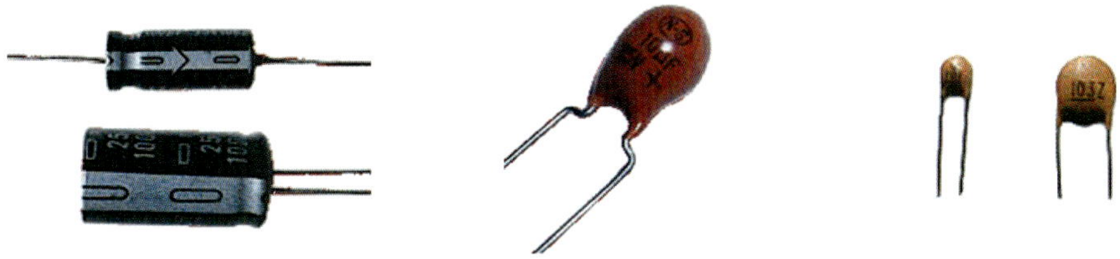

(a) 전해콘덴서　　(b) 탄탈콘덴서　　(c) 세라믹콘덴서

▎그림 1-5▐ 콘덴서 종류

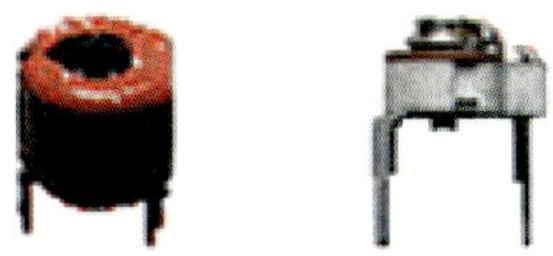

▎그림 1-6▐ 가변 콘덴서

가변용량콘덴서는 용량을 변화시킬 수 있는 콘덴서이며, 주로 주파수 조정 등에 사용 한다. 사진에 나타낸 것은 트리머(trimmer)라 부르는 가변용량 콘덴서이며, 세라믹(자기)을 유전체로 사용하고 있다. 그 외에도 폴리에스터 필름 등을 유전체로 사용한 것도 있다. 전극 극성은 없지만 용량을 조절하는 나사 부분이 어느 한 쪽의 리드선에 연결되어 있기 때문에 리드선의 한 쪽이 어스에 접속되는 경우에는 조절 나사가 연결되어 있는 리드선을 어스측으로 하여야 한다. 그렇게 하지 않으면 조절할 때의 드라이버의 용량이 영향을 주므로 조절이 정확하게 되지 않으며, 이러한 조절을 할 때에는 전용의 조절용 드라이버(절연체 드라이버)를 사용하는 것이 좋다.

콘덴서의 용량 표시에 3자리의 숫자가 사용되는 경우가 있는데, 이 경우에는 앞의 2자리 숫자가 용량의 제1숫자와 제2숫자이고, 3자리째가 승수이며, 표시의 단위는 pF로 되어 있다. 예를 들면 10^3이면 10×10^3 = 10,000pF = 0.01μF이며 224는 22×10^4 = 220,000pF = 0.22μF이다. 100pF 이하의 콘덴서는 용량을 그대로 표시하고 있는데 47은 47pF를 의미 하는 것이다.

3. 코일

코일은 동선과 같은 선을 나선 모양으로 감은 것을 말하며, 코일의 성질 정도를 나타내는 단위로 헨리(Henry ; H)가 사용 된다. 헨리의 기준은 어떤 코일에 매 초당 1A의 비율

(1A/s)로 전류가 변화할 때, 다른 쪽의 코일에 1V의 기전력을 유도하는 두 코일간의 상호 인덕턴스를 1헨리(H)로 정하고 있고, 자기 인덕턴스의 경우는 전류의 변화율이 1A/s일 때 1V의 기전력을 발생하는 경우의 자기 인덕턴스를 1H로 정하고 있다. 선을 많이 감을수록 코일의 성질이 강해지며 헨리의 값도 커지게 된다. 저항기와 마찬가지로 컬러코드로 값을 표시하고 있는 것도 있으며, 읽는 방법은 저항과 같다.

▌그림 1-7▐ 코일의 종류 및 구조

2 반도체 소자

1. 다이오드

다이오드는 전류를 한쪽으로만 흐르게 하는 소자로 주로 정류회로에 사용된다. 두 단자 중 하나는 양극(A ; Anode)이고 다른 하나는 음극(K ; Cathode)으로 양극에 +전압을 가하고 음극에 −를 가하면 순방향으로 바이어스 되어 전류가 흐르고 반대로 하면 전류가 흐르지 않는다. 양극과 음극의 구분은 다이오드에 띠가 있는 쪽이 음극이 된다. 그 외에 구분할 수 없는 경우는 부품의 데이터 시트를 참고한다.

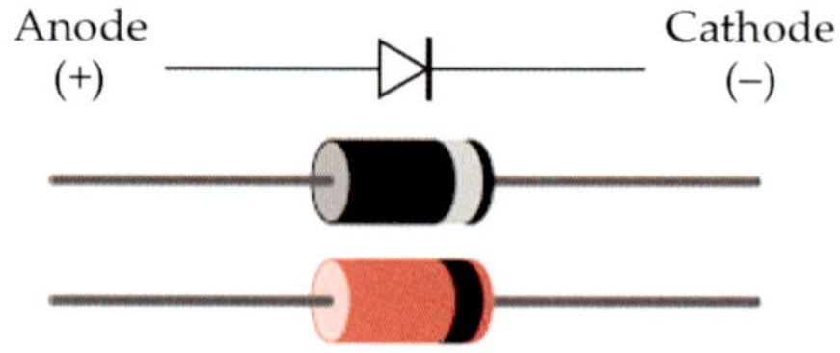

▌그림 1-8▐ 기호 및 구조

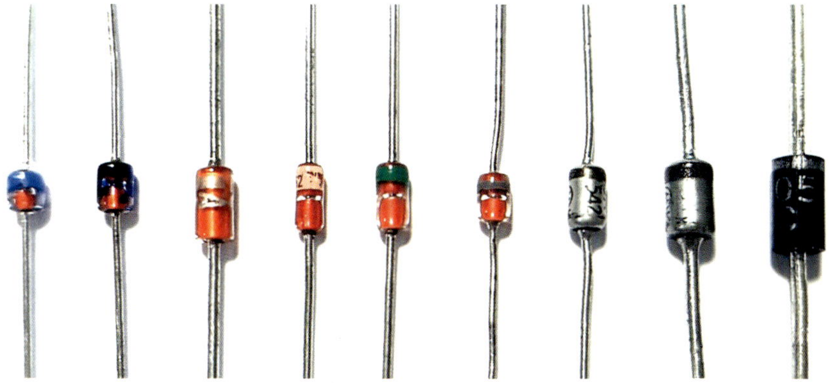

❙ 그림 1-9 ❙ 각종 다이오드

2. 발광 다이오드(LED)

발광 다이오드는 PN 접합부가 순방향 바이어스 되었을 경우 빛을 방출한다. 단자의 구분은 리드선의 길이가 긴쪽이 +(A)극으로 구분하거나 둥근면이 직선으로 잘린면(flat spot) 쪽의 리드선을 음극(K)으로 구분할 수 있다.

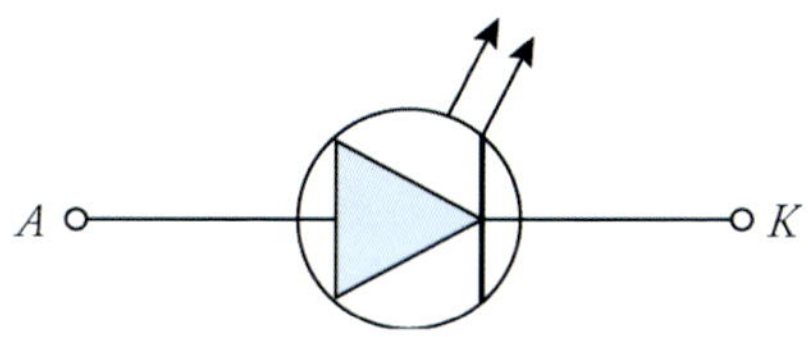

❙ 그림 1-10 ❙ 발광 다이오드 기호

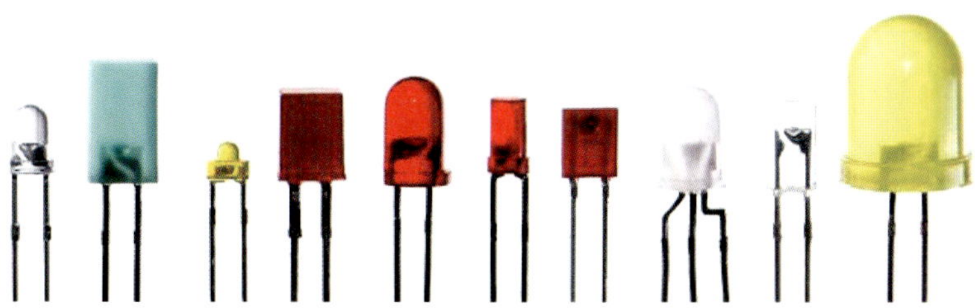

❙ 그림 1-11 ❙ 각종 발광 다이오드

발광 다이오드로 숫자를 표시할 수 있도록 배열한 것을 FND(Flexible Numeric Display) 또는 7-segment라 하는데 0에서 9까지 10진 숫자를 나타낼 수 있다. 구조는 LED 7개를 이용하여 숫자를 표시하고 연결단자에서 공통으로 사용하는 연결단자가 +극이면 공통 애노드이고, −극이면 공통 캐소드라고 한다. 공통 애노드는 공통단자에 +전압을 가하고 각각의 LED 단자에 공급되는 전압이 Low일 때 불이 켜지게 되고, 반대로 공통 캐소드는 공통단자에 −전압을 가하고 각 단자의 전압이 High일 때 LED가 ON상태가 된다.

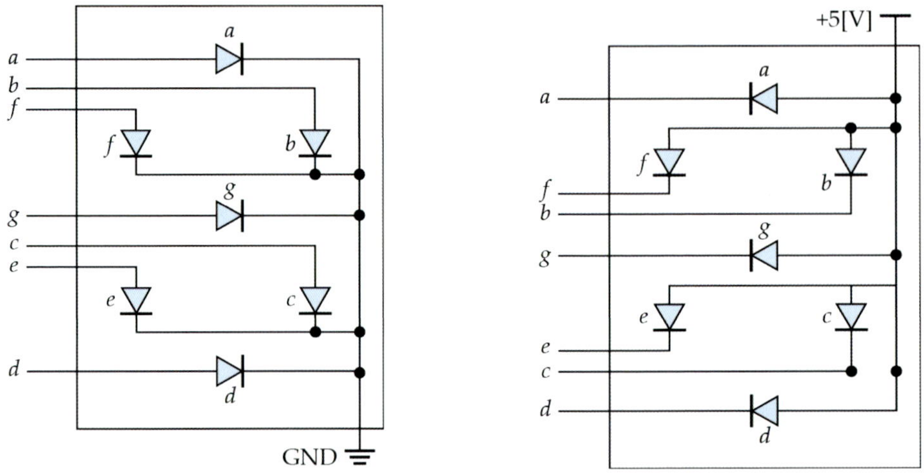

(a) 캐소드 공통　　(b) 애노드 공통

▌그림 1-12▐ 7-세그먼트 구조

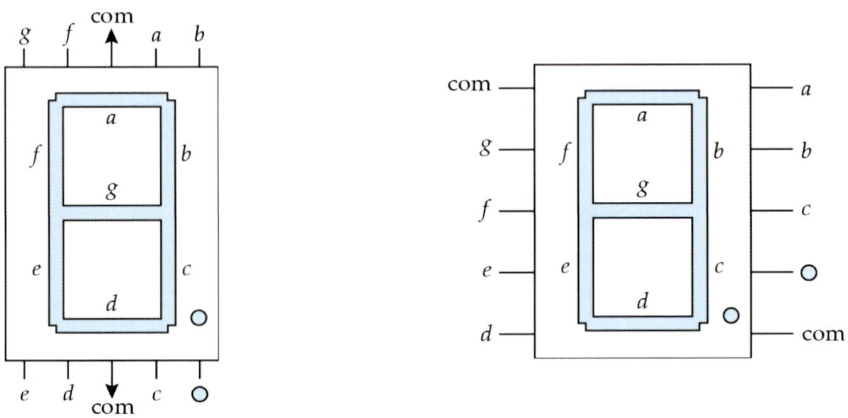

▌그림 1-13▐ 7-세그먼트 핀 배치

3. 트랜지스터

트랜지스터는 전자회로뿐만 아니라 디지털회로에서도 발진 및 LED의 전원공급에 필요한 소자로 사용된다. BJT는 이미터(E), 베이스(B), 콜렉터(C) 3개의 단자를 가지고 있으며 증폭이나 발진 또는 전류 공급원으로 사용되느냐에 따라 용도에 맞게 사용된다. 또한 FET는 타입에 따라 바이어스 및 회로 구성이 달라질 수 있다.

(a) npn (b) pnp

그림 1-14 트랜지스터 기호

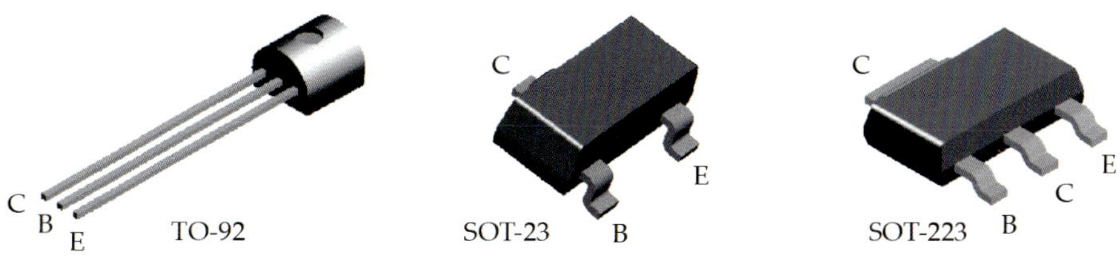

그림 1-15 BJT 패키지

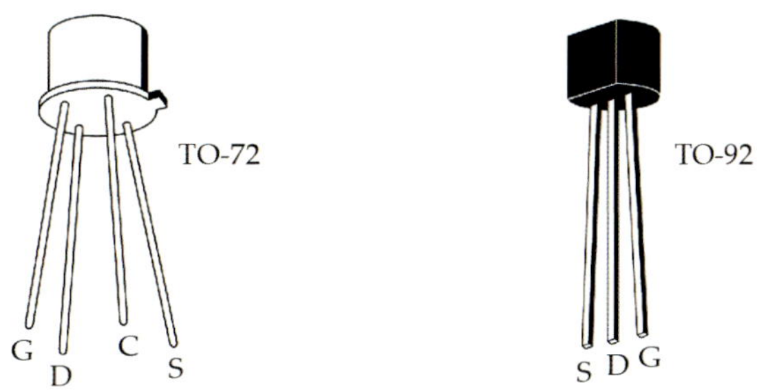

그림 1-16 FET 패키지

3 집적회로(IC)

1. 로직 IC

IC 중에서 로직 IC는 디지털논리회로에서 주로 사용하는데 TTL로직, COMS로직에서는 74, 40 시리즈로 나눈다. 여기서 74는 상용규격(Commercial grade)을 나타내고 일반적으로 사용되는 규격을 말한다. 또한 회로에 사용되는 소자의 종류에 따라 LS, HC 등으로 나누는데 TTL로직이냐 COMS로직이냐가 주된 구분이 된다. 이들 로직은 기본적인 로직 기능은 같으나 차이는 속도 및 소비전력과 High 또는 Low로 인식되는 입력전압 여유도가 다르다.

예를 들어 SN74LS04라 하면 SN는 제조사 코드, 74는 로직시리즈, LS는 회로타입, 04는 논리기능, J는 패키지 타입을 나타낸다.

로직 IC의 핀 번호는 그림 1-17과 같이 홈(Notch) 또는 점(Dot)이 있는 곳의 핀부터 1번이 되고 반시계 방향으로 순차적으로 번호를 붙이면 된다. 그림 1-17과 그림 1-18은 NAND 게이트 IC의 구조를 보여준다.

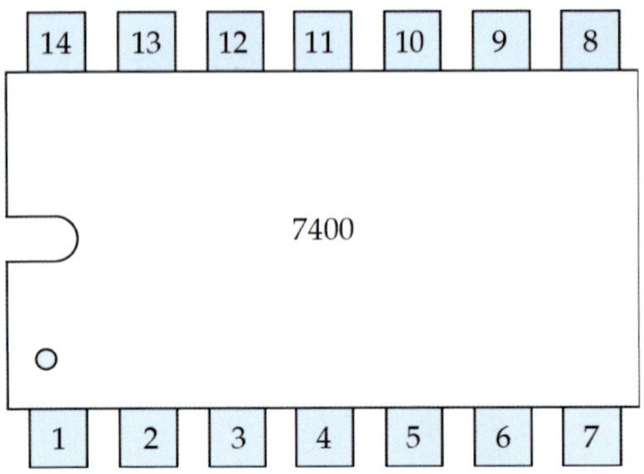

▌그림 1-17▐ 74XX IC 패키지

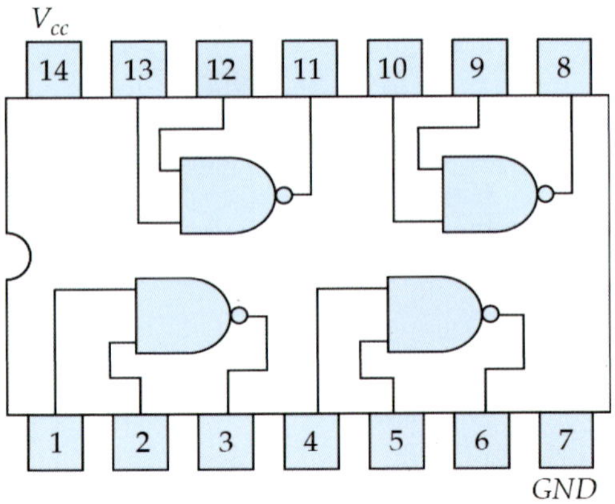

▌그림 1-18▐ 7400 IC 내부 구성

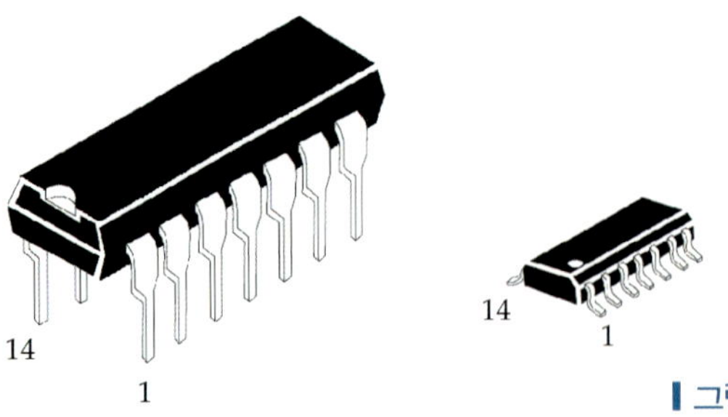

▌그림 1-19▐ 74XX IC의 DIP형 패키지

2. 로직 IC의 전기적 특성

TTL과 CMOS

TTL과 CMOS 사이의 인터페이스는 전압레벨의 변환과 전류 용량의 정합이 필요하다.

구 분		전압(V)			
		출력레벨		입력레벨	
		V_{OH}	V_{OL}	V_{IH}	V_{IL}
TTL	표준 74	2.4	0.4	2.0	0.8
	74LS	2.7	0.4	2.0	0.8
CMOS	4000B 74HC	4.9	0.1	3.5	1.5

※ 대표적인 논리 회로의 전기적 특성(전원 : 5V)

TTL 단의 최저 출력전압은 2.7V이나 CMOS 단의 최저 입력전압 3.5V 보다 낮다.

- 논리가 정확하게 정의되지 않아 에러가 발생한다.
- 해결책으로 두 논리 단 중간에 풀업 저항(3~5kΩ)을 삽입하여 TTL 출력 레벨을 3.5~5V에 가깝게 끌어 올려 준다.

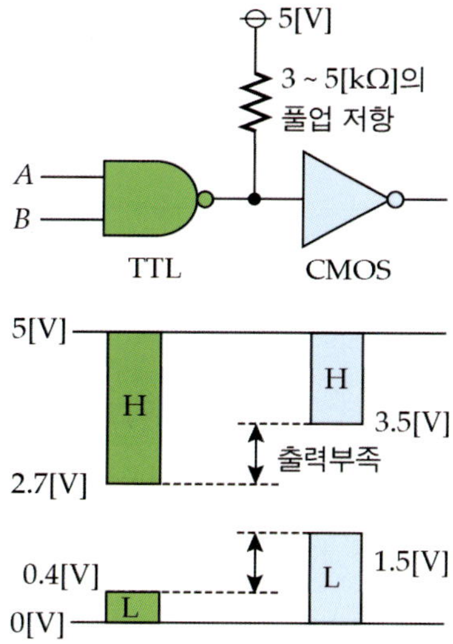

▎그림 1-20 ▎ TTL과 CMOS의 전압 레벨

3. TTL IC와 CMOS IC의 연결

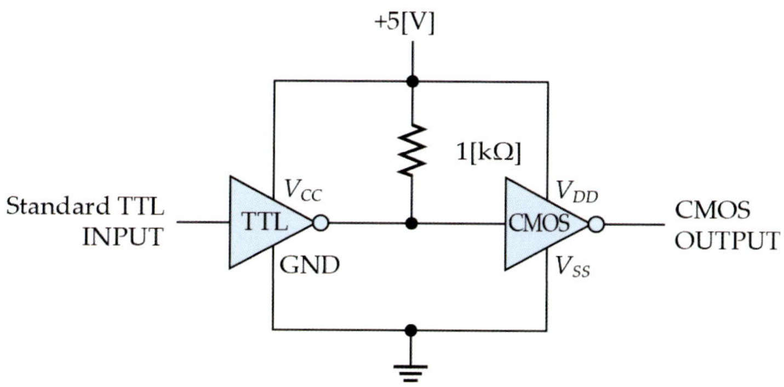

▎그림 1-21 ▎ TTL과 CMOS 연결과 풀업저항

같은 5V 전원을 사용할 때에도 TTL과 CMOS를 서로 연결할 때는 몇 가지 주의해야 할 사항이 있다.

TTL은 "0"을 인식하는 전압은 0.5V이하이고, "1"로 인식하는 전압은 약 1V이상이지만 CMOS는 1/3Vdd이하는 "0", 2/3Vdd 이상은 "1"로 인식한다. 즉 CMOS의 경우 "1"로 인식하는 전압이 좀 더 높다. 위의 경우 두 인터페이스(Interface) 사이에 1kΩ의 풀업(Pull Up) 저항을 달아서 TTL 출력 전압을 높여주게끔 한 이유가 이 때문이다.

그리고 TTL은 출력전류가 비교적 높다. 반면에 CMOS는 비교적 낮기 때문에 TTL에서 CMOS로 연결할 때는 10~20개까지 연결 가능하지만 CMOS에서 TTL로 연결할 때는 1~2개만 연결해야 한다. 즉 팬아웃(Fan Out) 개수 차이가 많이 나므로 이점도 유의해야 한다.

또한 CMOS 레벨(level)과 TTL 레벨의 차이는 전원공급전압에 기인한다. 즉 TTL은 전원전압이 5V이므로 입·출력 레벨이 5V인데 비해 CMOS는 3V~15V까지 폭넓게 사용하므로 전원전압에 상응하는 입·출력 레벨이 된다.

4. 풀업 저항과 풀다운 저항

그림 1-22의 (a)와 같이 TTL을 사용한 디지털회로에서 푸시버튼 스위치를 이용하여 입력신호를 L상태로 인가하고자 하는 경우 스위치를 눌렀을 때는 L(low) 상태의 논리 값이 입력된다. 그러나 스위치를 누르지 않았을 때는 입력신호가 플로팅(floating)되어 H(high)도 아니고 L도 아닌 불확실한 상태가 된다. TTL과 같은 논리소자는 구조적으로 입력신호가 플로팅 되면 H상태와 같이 동작하도록 되어 있기는 하지만, 실제로 회로를 이렇게 사용하면 잡음에 매우 취약해지는 등의 부작용으로 시스템이 불안정해진다.

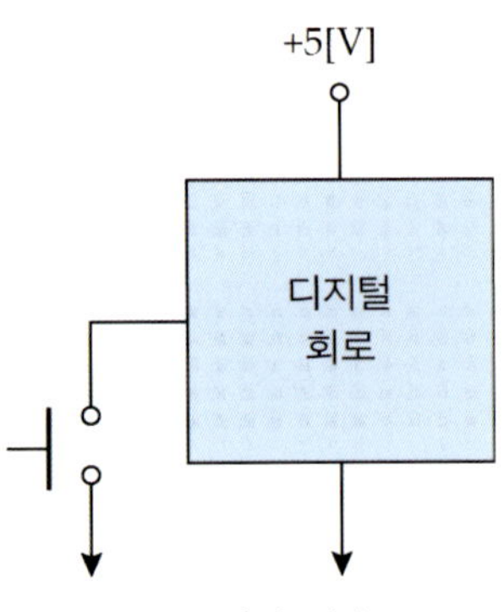

(a) 스위치 입력

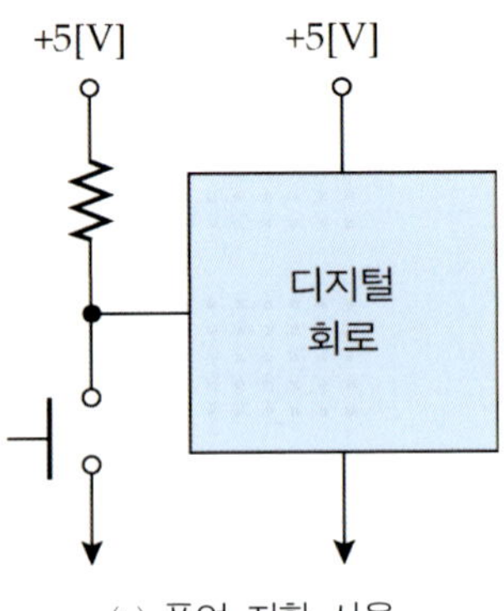

(b) 풀업 저항 사용

그림 1-22 L 스위치 입력과 풀업 저항

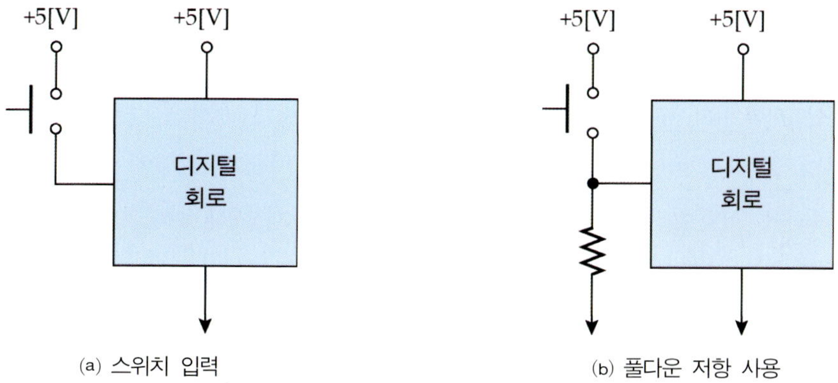

그림 1-23 H 스위치 입력과 풀다운 저항

이러한 문제를 해결하려면 그림 1-22의 (b)처럼 입력신호를 저항으로 풀업 시키면 된다. 이렇게 풀업(Pull Up) 저항을 사용하면 스위치를 눌렀을 때는 정상적으로 L상태가 입력되며, 스위치가 떨어져 있을 경우에는 저항을 통하여 디지털회로에 확실하게 H상태의 논리값이 입력된다. 이와는 반대로 스위치를 이용하여 H상태의 입력신호를 인가하려는 디지털회로에서는 그림 1-23에서와 같이 풀다운(Pull Down) 저항을 사용하면 된다. 이러한 스위치 입력회로에서 만약 풀업 저항이나 풀다운 저항을 사용하지 않고 직접 +5V 또는 GND 단자에 스위치를 접속하면 스위치를 눌렀을 때 +5V와 GND 단자 사이가 그대로 단락되어 과전류가 흐르게 된다. 따라서 이러한 목적으로 사용하는 저항의 크기는 입력신호와 관련되기 보다는 스위치를 눌러서 +5V 전원과 GND 사이에 폐회로가 구성됨으로써 흐르는 전류의 크기를 감안하여 결정한다. 대부분의 경우에는 이 전류가 수 mA 이내로 되도록 하며, 따라서 보통 수 kΩ 정도의 저항을 사용한다.

4 디지털논리회로 실험장치

1. 로직 회로 실험기

논리회로 실험을 위해서는 DC전원공급기, 브레드보드, 신호발생기, 오실로스코프, 디지털멀티미터 등이 필요하지만 디지털회로 실험을 위하여 기본적으로 필요한 기능을 가진 디지털실험 장치를 사용하면 보다 쉽고 편리하게 실험할 수 있다. 로직회로 실험기는 브레드 보드를 비롯하여 TTL 레벨에 적당한 5V와 9V전원과 OP 앰프에 필요한 ±15V 전원, 그리고 클록펄스를 위하여 1Hz~999kHz의 가변 주파수 발생기, 8개의 LED 표시기와 2디지트 FND, 11개의 데이터 스위치, 단일펄스 발생기, 푸쉬버튼 로직 스위치 등이 있어서 간단한 회로는 편리하게 실험할 수 있다. 또한 부가적으로 전압계를 내장하고 있어서 간단한 전압을 체크할 수 있는 기능도 있다.

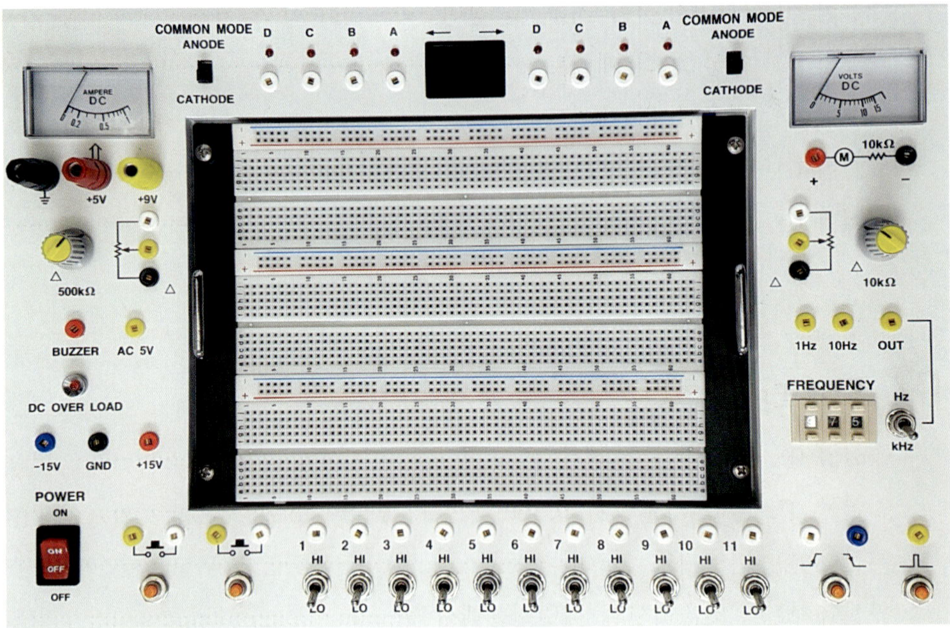

▎그림 1-24 ▎ 로직 실험기

2. 로직 회로 실험기 +5V 전원 연결

로직 실험기의 +5V를 브레드 보드의 +소켓에 꼽고 접지는 브레드 보드의 −소켓에 꼽아 연결한다. 브레드 보드의 나머지 전원소켓도 같이 연결해 주면 전체 브레드 보드 전원 소켓에 전원이 공급된다.

| 그림 1-25 | 브레드 보드에 +5V를 연결

3. 로직 회로 실험기 구성

로직 실험기의 5V는 회로에 연결되어 사용시 전류계에 사용되는 전류의 크기가 전류계에 나타난다. 따라서 전류계를 통하여 어느 정도 전류를 소모 하는가 확인할 수 있다.

가변저항 10kΩ, 500kΩ은 실험에 필요시 사용할 수 있다. 부저와 DC 오버로드는 과부하시 울리고 불이 들어온다. 로직스위치를 이용하여 데이터를 입력할 수 있으며 LED표시는 출력 결과를 확인하는데 사용할 수 있다. 또한 2디지트 7-세그먼트는 BCD 출력을 10진수로 확인할 수 있다. 로직 실험기의 세부 특성은 아래와 같다.

(1) DC 전원 출력 : 5V / 9V 0.5A ±15V 50mA

(2) BCD Display : 2 Digits(16진수 표시)

(3) LED 극성은 스위치 위치로 Anode / Cathode Common Mode 가변

(4) 가변 Clock Pulse 출력

- 1Hz~999Hz, 1kHz~999kHz(High : 4.5V, Low : 0.2V)
- PLL 방식으로 3 Digits 주파수 선택기능.
- 주파수 대역(Hz / kHz) 선택 기능 : Toggle

(5) 고정 Clock Pulse Output : 1Hz, 10Hz

(6) Logic 스위치 : 11 Toggle, 2 Push 스위치

(7) Control 스위치 : 1 Push 스위치 Floating Contact

(8) Single Pulse Generator : 1 Push 스위치

(9) Buzzer : Low Power Driver(+3V~7V 1mA or Less)

(10) Bread Board : Socket Strip 630 Hole 3개, Bus Strip 6개

(11) 전류계(5V), 전압계(0V~15V)

(12) DC O/L Alarm 및 Indication

전류계(0~1A) / 전원(5V, 9V)

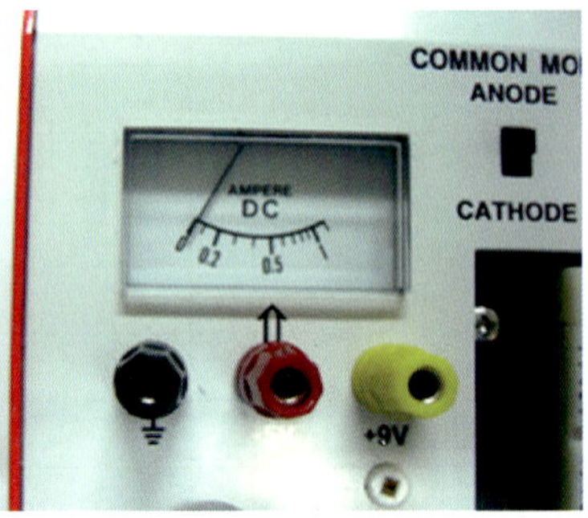

+5V 전원 연결

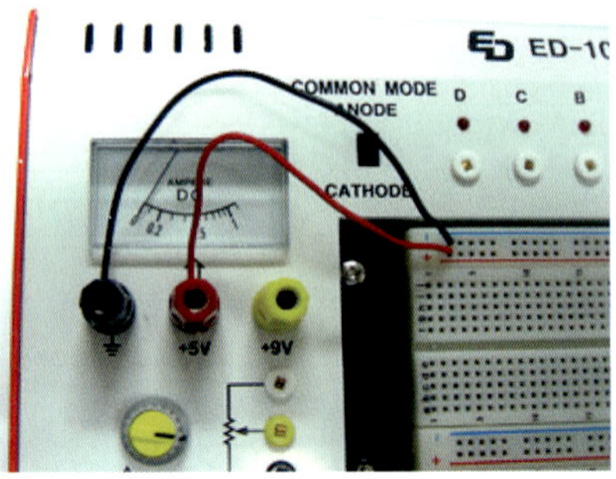

버스스트립 전원 연결

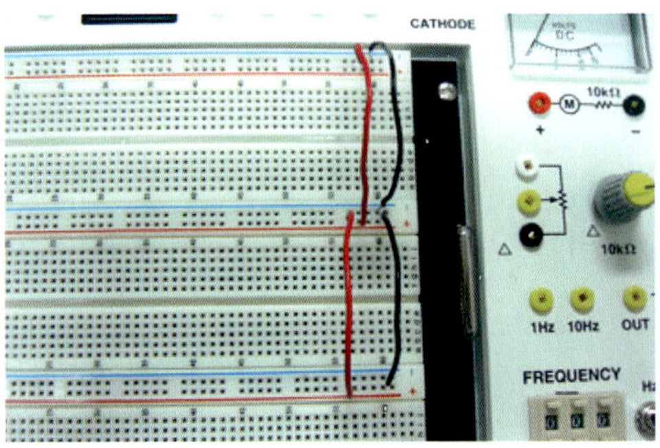

가변저항 / 부저입력 / 5V 60Hz 출력

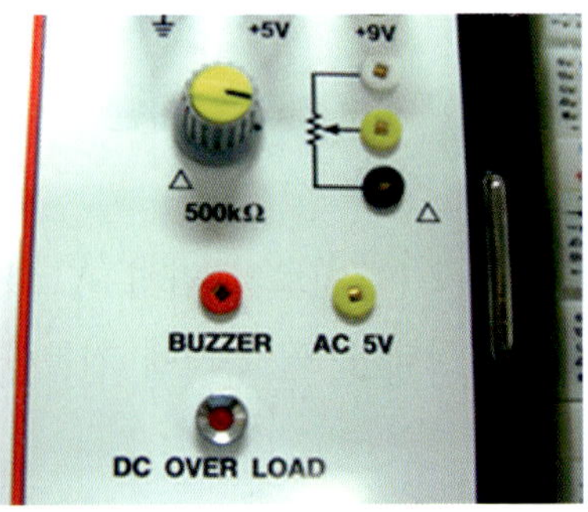

과부하표시 / 전원(15V) / ON OFF

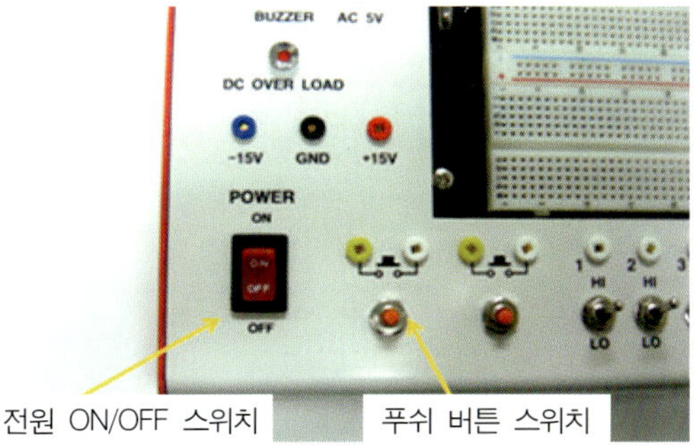

전압계(0~15V)

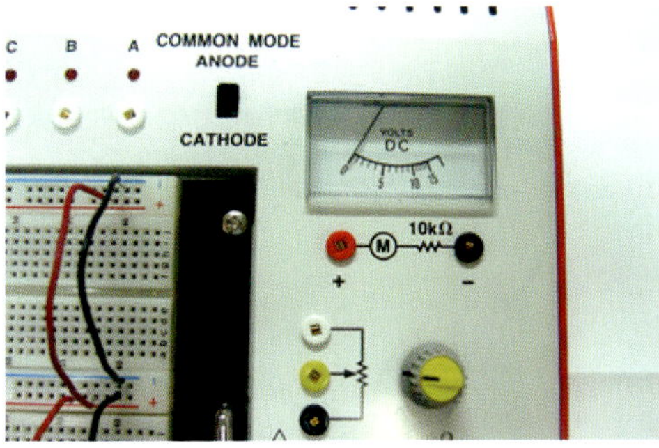

전압 측정(예)

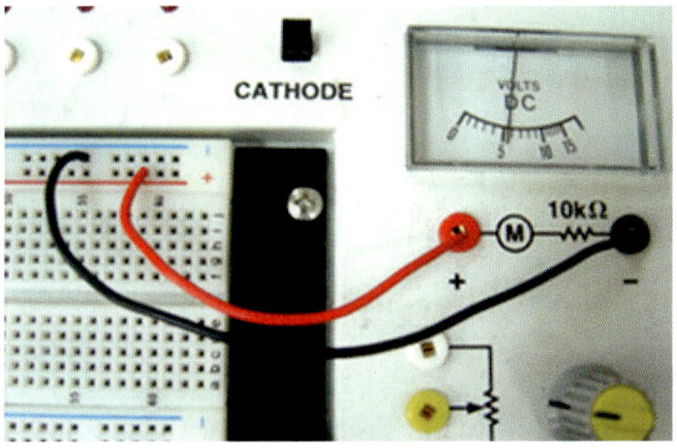

주파수출력 / 가변저항

전압 출력(예)

로직 스위치 / 단일펄스

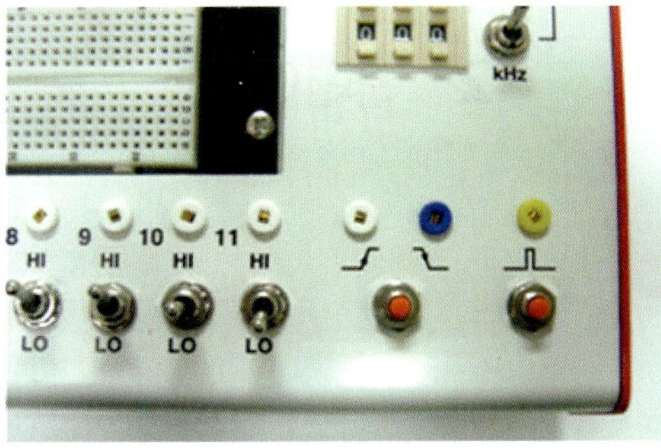

Data 스위치(11개)

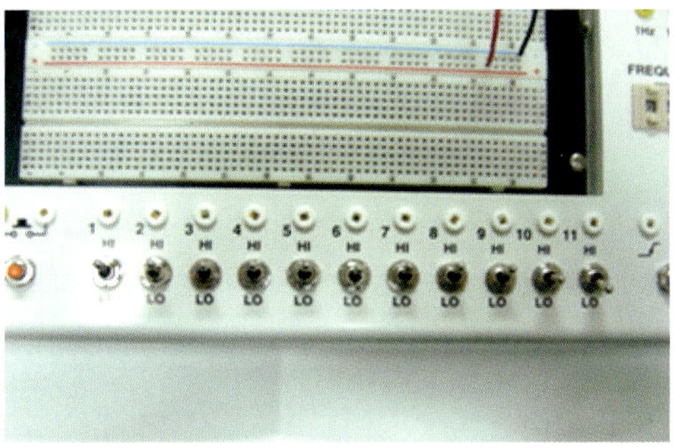

Data 스위치 사용(예)

LED 표시기 / 2-Digit Display

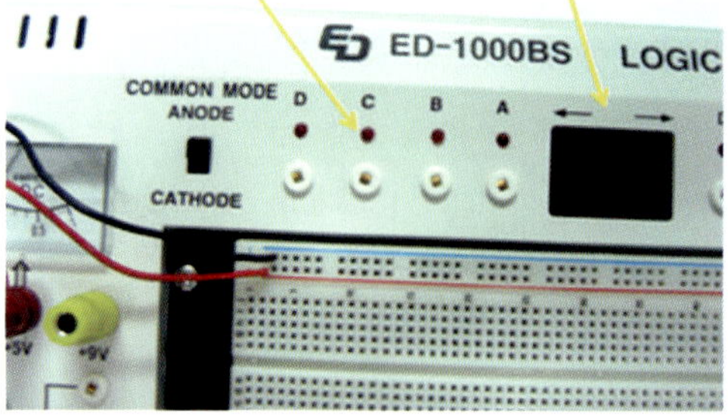

LED 표시기 / 2-Digit Display

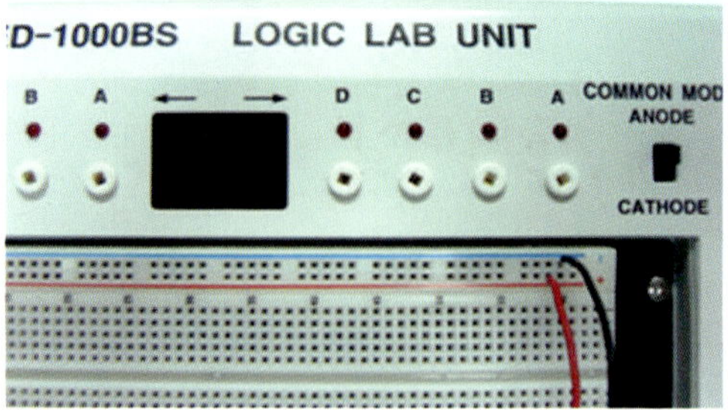

LED 표시(예)

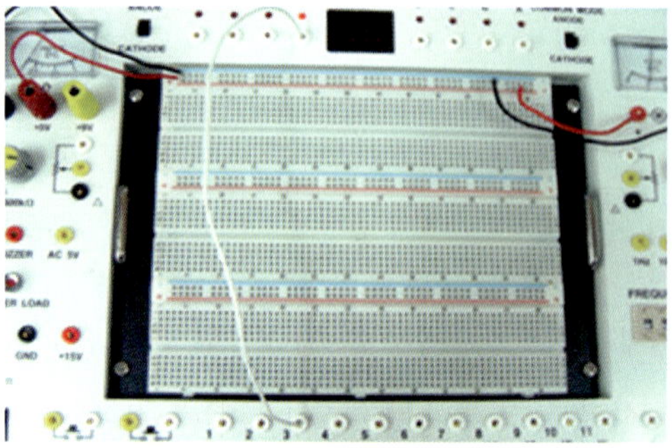

IC를 사용한 실험

브레드보드의 소켓스트립에 장착된 IC와 전원 및 Data 배선들

+5V 전원 공급(예)

실험 02 기본 논리 게이트

1 실험 목적

이 실험의 목적은 AND, OR, NOT 논리 게이트의 동작 원리를 이해하기 위하여 게이트의 논리식과 진리표를 실험을 통하여 검증한다. 또한 기본게이트를 이용한 다양한 논리를 실현하는 것을 실험으로 확인 한다.

2 관련이론

1. 논리함수

논리함수에서 AND, OR, NOT 함수를 기본 논리함수(basic logic function)라 말하고 논리기능을 수행하기 위하여 여러 가지의 논리함수들이 사용되며, 모든 논리 기능들은 기본 논리함수들을 이용하여 구현한다.

이들 AND, OR, NOT 함수들은 게이트(gate)라 불리는 회로에 의해 표현된다. 게이트는 하나 이상의 신호를 입력으로 받아들여서 기본 논리함수에 따르는 논리출력을 내보내는 회로를 말한다. 이들 게이트들의 기능 표현은 논리기호(logic symbol), 진리표(truth table), 부울식(Boolean expression), 타이밍도(timing diagram)와 같은 네 가지 방법으로 나타낸다.

논리기호는 게이트의 논리 기능을 기호로 표현하고, 진리표는 게이트의 논리 기능을 표

형태로 나타내며, 부울식은 게이트의 논리 기능을 함수식의 형태로 표현한다. 또한 타이밍도는 게이트의 논리 기능을 입출력간의 파형으로 나타낸다.

2. 정논리와 부논리

(1) 정논리(positive logic)

높은 준위 H(high level)의 것을 논리 "1", 낮은 준위 L(low level)의 것을 논리 "0"이라고 할 때 이것을 정논리라고 한다. H → 1, L → 0

(2) 부논리(negative logic)

높은 준위 H(high level)의 것을 논리 "0", 낮은 준위 L(low level)의 것을 논리 "1"이라고 할 때 이것을 부논리라고 한다. H → 0, L → 1

(a) 정논리 (b) 부논리

┃그림 2-1┃ 정논리와 부논리

(3) 정논리와 전압

High level 논리 "1"은 전압으로 5V이며, Low level 논리 "0"은 전압으로 0V를 나타낸다. 즉, H = 1 = 5V, L = 0 = 0V이다.

3. AND 게이트

AND 게이트는 AND 함수라 하는 논리곱 연산을 행하는 것으로 입력중 하나라도 0이면 출력이 0이고, 모든 입력이 1일 때 출력이 1이 되는 게이트로 AND 연산 기호는 도트(dot, "•")를 사용하나 논리식에서는 생략하기도 한다.

$$F = X \cdot Y = XY$$

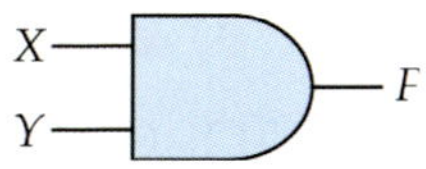

(a) 일반 논리기호

(b) IEEE 논리기호

❙ 그림 2-2 ❙ AND 게이트 논리기호

▼ 표 2-1. AND 게이트 진리표

입력		출력
X	Y	F
0	0	0
0	1	0
1	0	0
1	1	1

4. OR 게이트

OR 게이트는 OR 함수라 하는 논리합 연산을 행하는 것으로 입력중 하나라도 1이면 출력이 1이고, 모든 입력이 0일 때 출력이 0이 되는 게이트로 OR 연산 기호는 플러스(plus, "+")를 사용한다.

$$F = X + Y$$

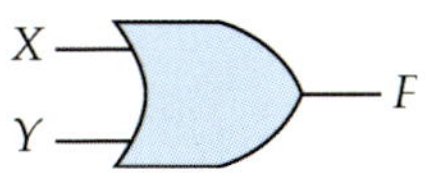

(a) 일반 논리기호

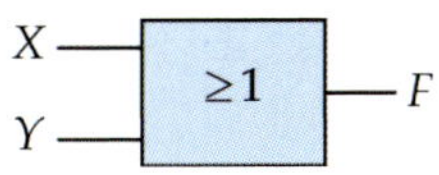

(b) IEEE 논리기호

❙ 그림 2-3 ❙ OR 게이트 논리기호

▼ 표 2-2. OR 게이트 진리표

입력		출력
X	Y	F
0	0	0
0	1	1
1	0	1
1	1	1

5. NOT 게이트

NOT 게이트는 논리 반전 연산을 행하는 것으로 입력에 대하여 출력이 반전되며, 입력이 0일 때 출력이 1, 입력이 1일 때 출력이 0으로 반전 되는 게이트로 NOT 연산 기호는 프라임(prime, "'"), 또는 바(bar "−")를 사용한다.

$$F = \overline{X}$$

(a) 일반 논리기호　　(b) IEEE 논리기호

| 그림 2-4 | NOT 게이트 논리기호

▼ 표 2-3. NOT 게이트 진리표

입력	출력
X	F
0	1
1	0

3 실험 부품

번호	재 료 명	규　격	단 위	수 량
1	IC	74LS04 또는 대치부품	개	1
2	IC	74LS08 또는 대치부품	개	1
3	IC	74LS32 또는 대치부품	개	1

4 실험

(1) 그림 2-5의 회로에서 F의 논리식을 쓰고, 입력 X, Y에 대하여 출력 F를 예측하여 표 2-4에 기록하라.

논리식 $F =$ ______________________

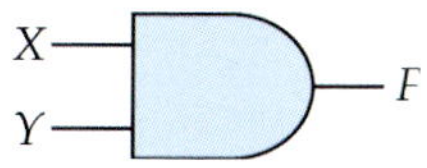

▎그림 2-5▎ AND 게이트

▼ 표 2-4.

입력		출력
X	Y	F
0	0	
0	1	
1	0	
1	1	

(2) 그림 2-6의 4개의 2입력 AND게이트(Quadruple 2-input AND gates)가 포함된 7408 IC를 브레드보드에 장착하고, 14번 핀에는 전원 +5V를, 7번 핀에는 0V(Ground)를 연결한다. 4개의 AND 게이트 중에서 1개를 이용하여 그림 2-7의 회로로 (3)번 실험을 진행하라.

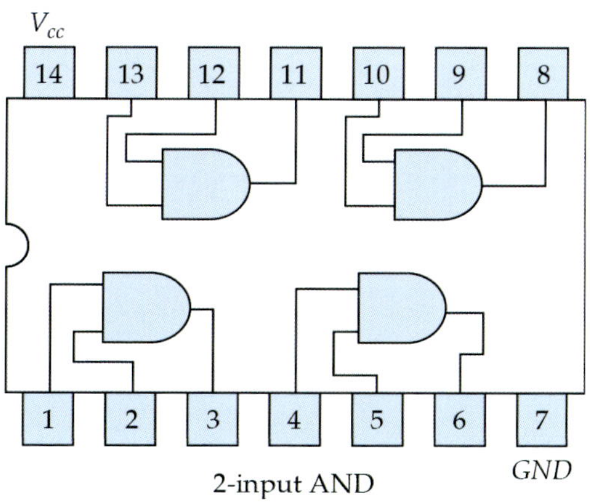

▎그림 2-6▎ 2입력 AND 게이트 IC

(3) 그림 2-7의 회로에서 표 2-5의 입력 X, Y에 대하여 출력 F의 전압을 측정하거나 LED의 ON, OFF 상태를 표 2-5에 F를 기록하라.

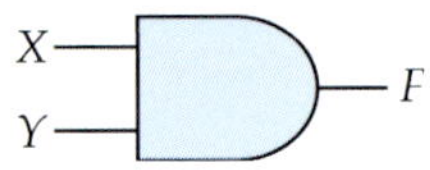

| 그림 2-7 | AND 게이트

▼ 표 2-5.

입력		출력
X	Y	F
0V	0V	
0V	5V	
5V	0V	
5V	5V	

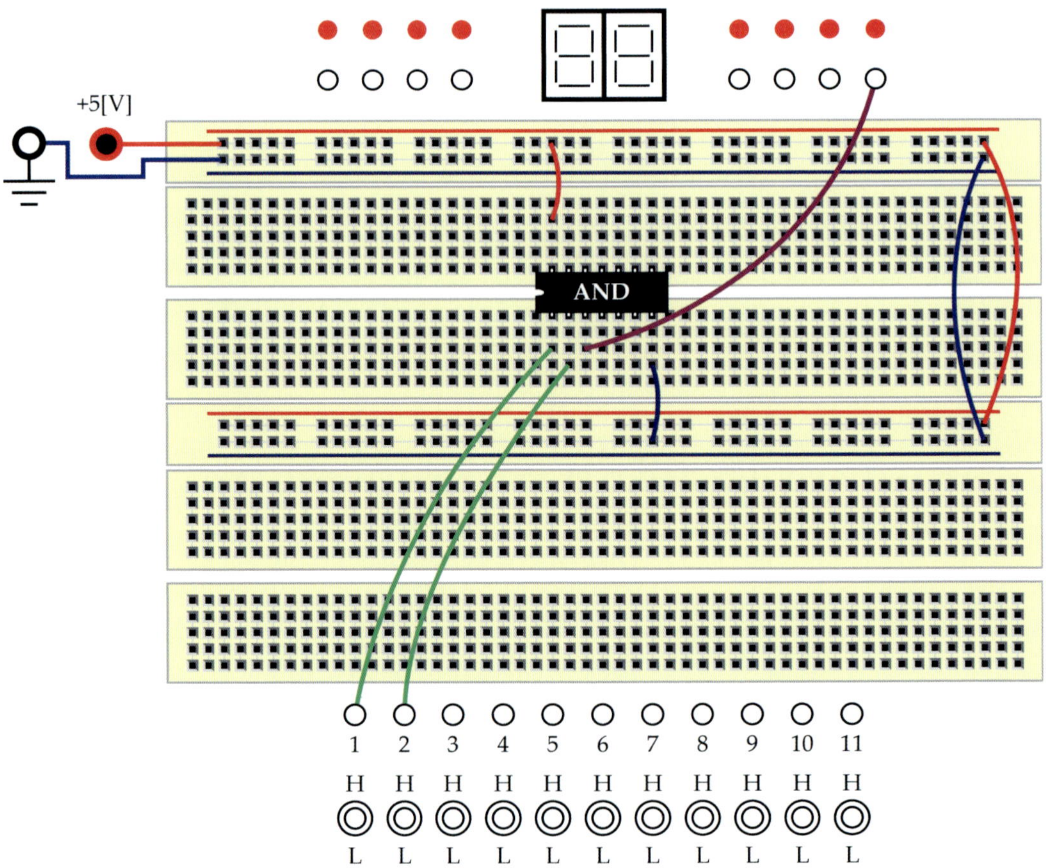

(4) 그림 2-8의 회로에서 F의 논리식을 쓰고, 입력 X, Y, Z에 대하여 출력 F를 예측하여 표 2-6에 기록하라.

논리식 F = ______________________

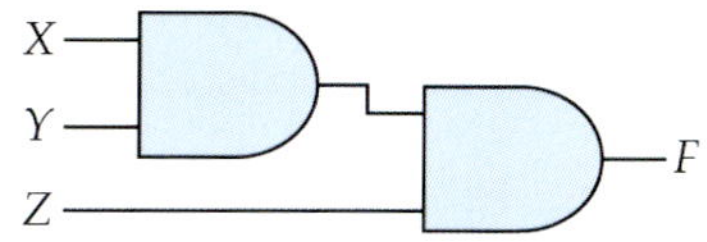

┃그림 2-8┃ AND 게이트를 이용한 논리회로

▼ 표 2-6.

입력			출력
X	Y	Z	F
0	0	0	
0	0	1	
0	1	0	
0	1	1	
1	0	0	
1	0	1	
1	1	0	
1	1	1	

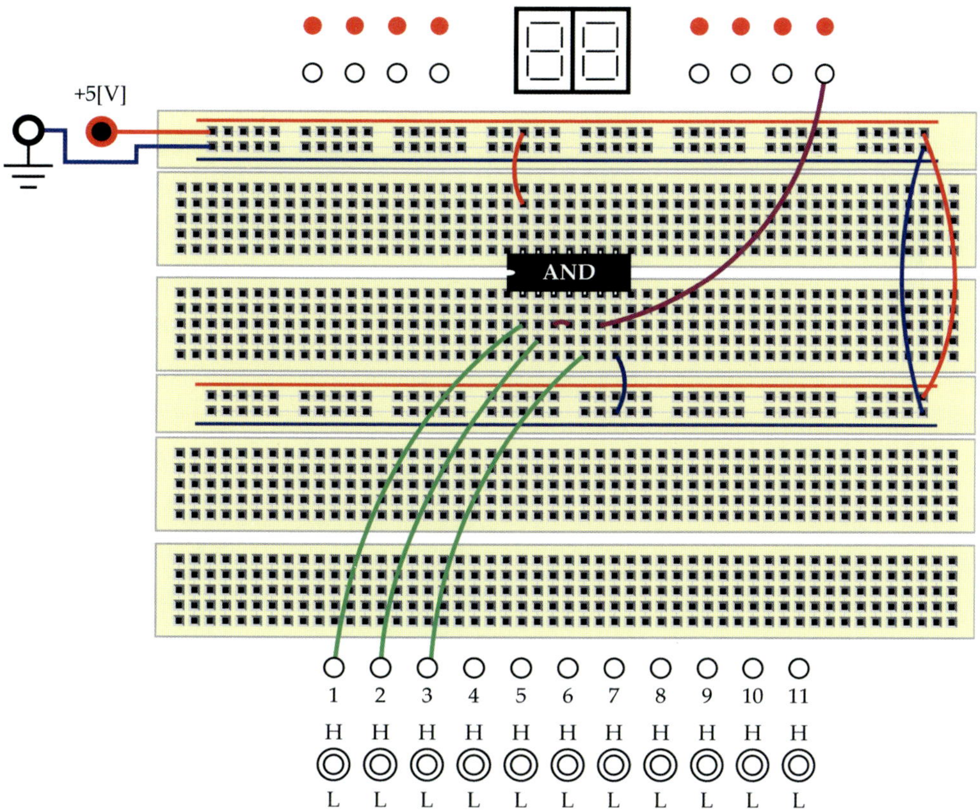

(5) 그림 2-6의 IC에서 2개의 게이트를 이용하여 그림 2-8과 같이 회로를 구성하라.

(6) 표 2-7의 입력 X, Y, Z에 대하여 출력 F의 전압을 측정하거나 LED의 ON, OFF 상태를 표 2-7에 기록하라.

▼ 표 2-7.

입력			출력
X	Y	Z	F
0V	0V	0V	
0V	0V	5V	
0V	5V	0V	
0V	5V	5V	
5V	0V	0V	
5V	0V	5V	
5V	5V	0V	
5V	5V	5V	

(7) 그림 2-9의 회로에서 F의 논리식을 쓰고, 입력 X, Y에 대하여 출력 F를 예측하여 표 2-8에 기록하라.

논리식 $F =$ ______________________

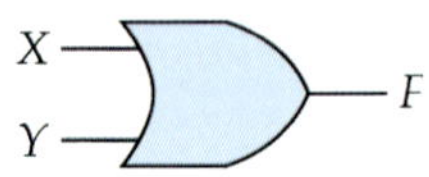

▎그림 2-9 ▎ OR 게이트

▼ 표 2-8.

입력		출력
X	Y	F
0V	0V	
0V	1V	
1V	0V	
1V	1V	

(8) 그림 2-10의 4개의 2입력 OR 게이트(Quadruple 2-input OR gates)가 포함된 7432 IC를 브레드보드에 장착하고, 14번 핀에는 전원 +5V를, 7번 핀에는 0V(Ground)를 연결한다. 4개의 OR 게이트 중에서 1개를 이용하여 그림 2-9의 회로로 (9)번 실험을 진행하라.

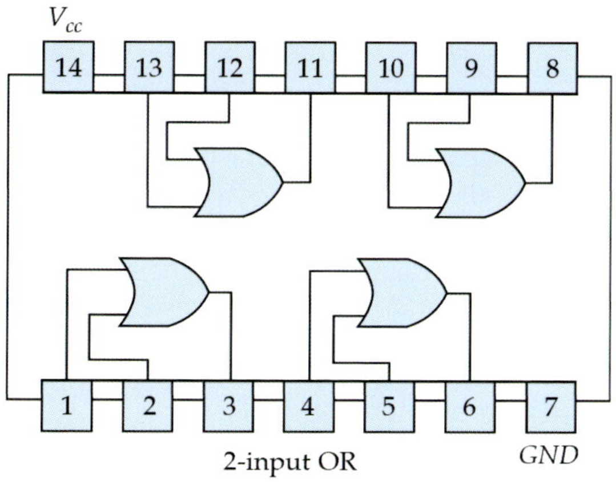

▌그림 2-10▐ 2입력 OR 게이트 IC

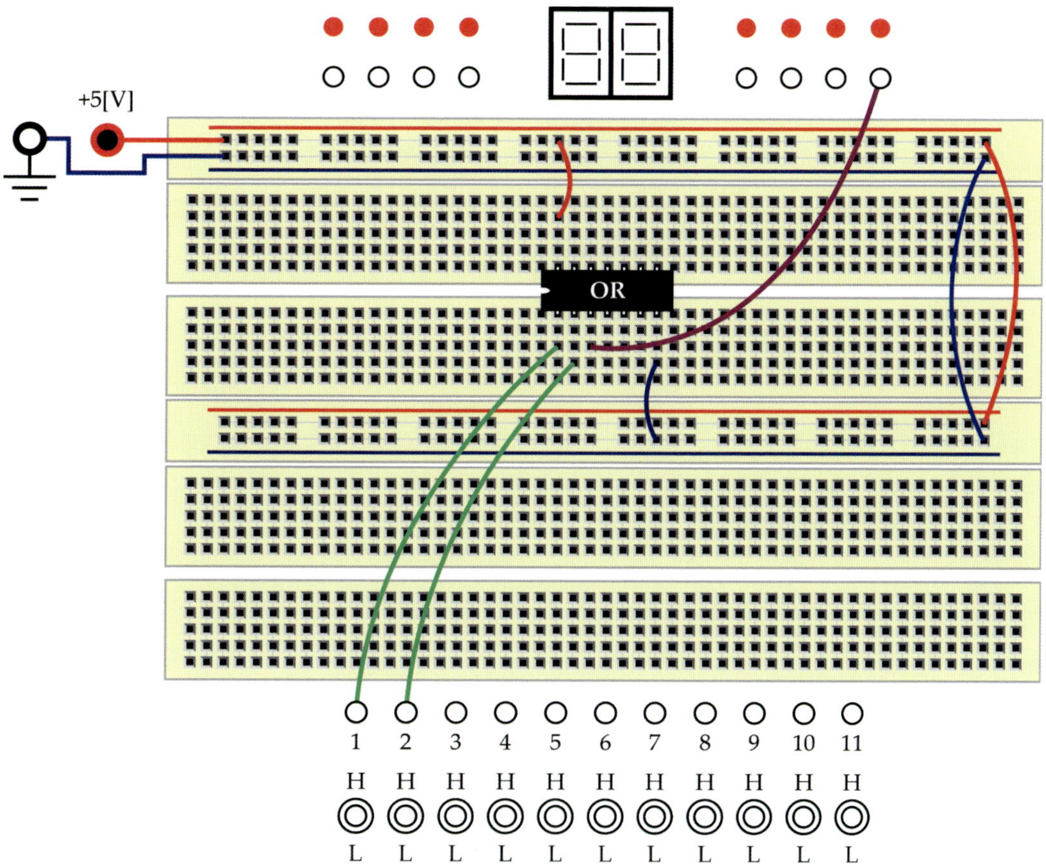

(9) 표 2-9의 입력 X, Y에 대하여 그림 2-9 회로의 출력 F의 전압을 측정하거나 LED의 ON, OFF 상태를 표 2-9에 기록하라.

▼ 표 2-9.

입력		출력
X	Y	F
0V	0V	
0V	5V	
5V	0V	
5V	5V	

(10) 그림 2-10의 회로에서 F의 논리식을 쓰고, 입력 X, Y, Z에 대하여 출력 F를 예측하여 표 2-10에 기록하라.

논리식 F = ______________________

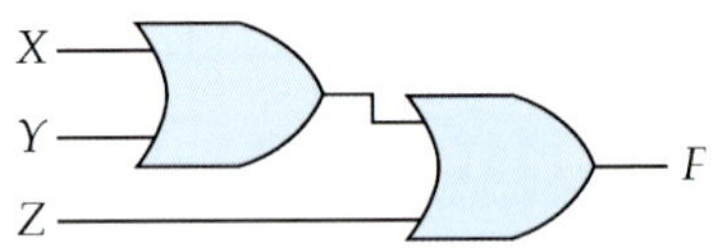

❙그림 2-11❙ OR 게이트를 사용한 회로

▼ 표 2-10.

입력			출력
X	Y	Z	F
0	0	0	
0	0	1	
0	1	0	
0	1	1	
1	0	0	
1	0	1	
1	1	0	
1	1	1	

(11) 그림 2-10의 IC에서 2개의 게이트를 이용하여 그림 2-11과 같이 회로를 구성하라.

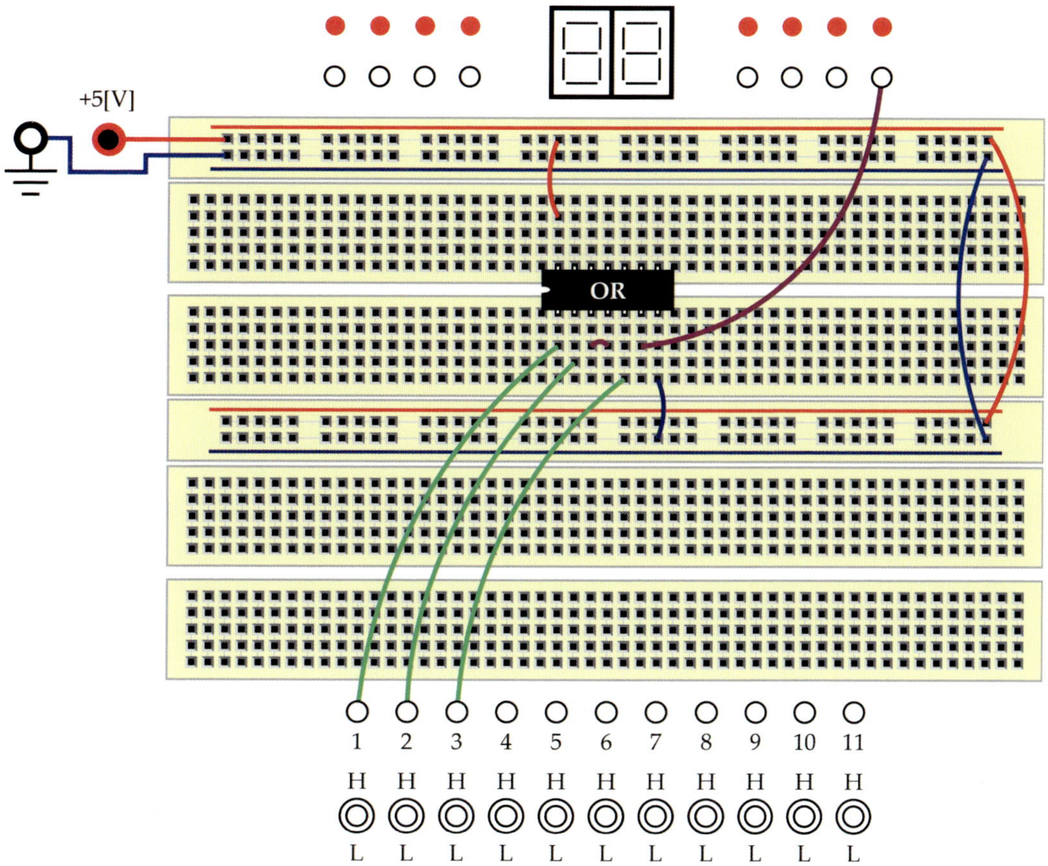

(12) 표 2-11의 입력 X, Y, Z에 대하여 출력 F의 전압을 측정하거나 LED의 ON, OFF 상태를 표 2-11에 기록하라.

▼ 표 2-11.

입력			출력
X	Y	Z	F
0V	0V	0V	
0V	0V	5V	
0V	5V	0V	
0V	5V	5V	
5V	0V	0V	
5V	0V	5V	
5V	5V	0V	
5V	5V	5V	

⒀ 그림 2-12의 회로에서 F의 논리식을 쓰고, 입력 X에 대하여 출력 F를 예측하여 표 2-12에 기록하라.

논리식 F = ______________________

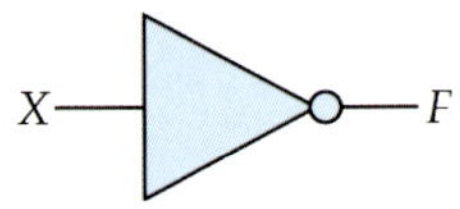

| 그림 2-12 | NOT 게이트

▼ 표 2-12.

입력	출력
X	F
0	
1	

⒁ 그림 2-13의 6개의 NOT 게이트(Hex inverters)가 포함된 7404 IC를 브레드보드에 장착하고, 14번 핀에는 전원 +5V를, 7번 핀에는 0V(Ground)를 연결한다. 6개의 NOT 게이트 중에서 1개를 이용하여 그림 2-12의 회로로 (15)번 실험을 진행하라.

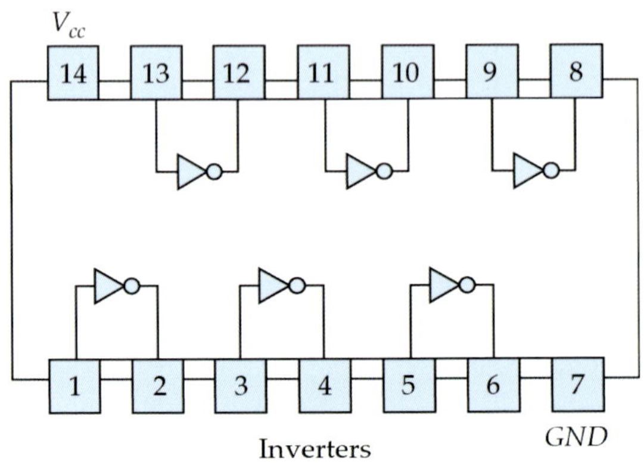

| 그림 2-13 | NOT 논리 게이트 IC

⒂ 그림 2-12 회로의 입력 X에 대하여 출력 F의 전압을 측정하거나 LED의 ON, OFF 상태를 표 2-13에 기록하라.

▼ 표 2-13.

입력	출력
X	F
0V	
5V	

(16) 그림 2-14의 회로에서 F의 논리식을 쓰고, 입력 X, Y, Z에 대하여 출력 F를 예측하여 표 2-14에 기록하라.

논리식 $F =$ ______________________

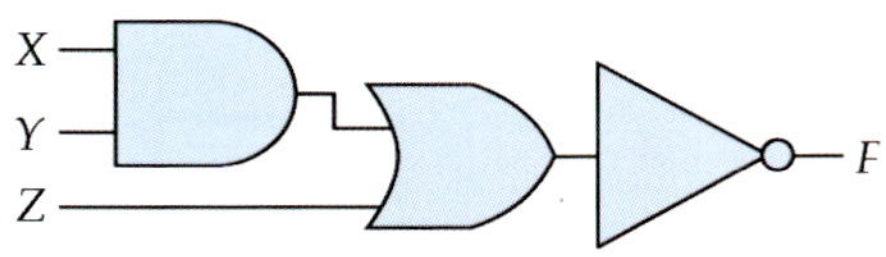

❙ 그림 2-14 ❙ AND, OR, NOT 게이트를 사용한 논리회로

▼ 표 2-14.

입력			출력
X	Y	Z	F
0	0	0	
0	0	1	
0	1	0	
0	1	1	
1	0	0	
1	0	1	
1	1	0	
1	1	1	

(17) IC들을 사용하여 그림 2-14와 같이 회로를 구성하라.

(18) 그림 2-14 회로의 입력 X, Y, Z에 대하여 출력 F의 전압을 측정하거나 LED의 ON, OFF 상태를 표 2-15에 기록하라.

▼ 표 2-15.

입력			출력
X	*Y*	*Z*	*F*
0V	0V	0V	
0V	0V	5V	
0V	5V	0V	
0V	5V	5V	
5V	0V	0V	
5V	0V	5V	
5V	5V	0V	
5V	5V	5V	

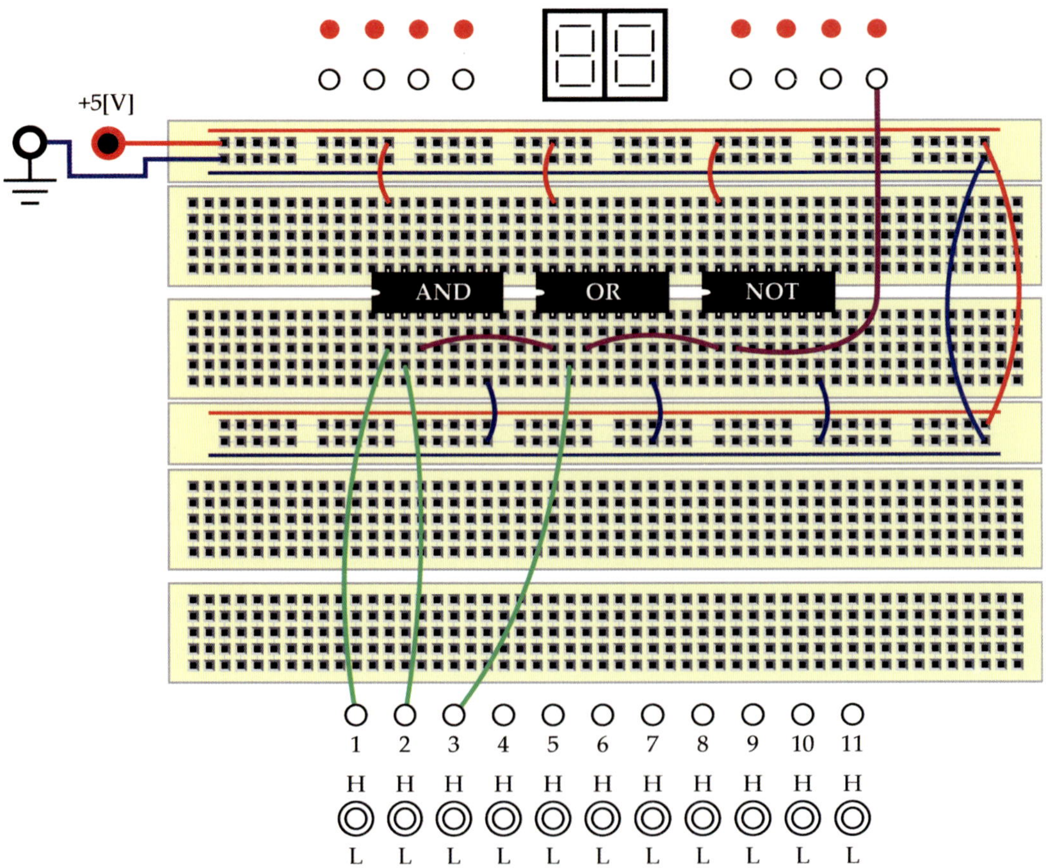

5 실험 검토 및 고찰

(1) 디지털 IC 구조에 대하여 설명하라.

(2) AND 게이트에 대한 실험 결과를 이용하여 AND 게이트의 논리동작을 설명하라.

(3) OR 게이트에 대한 실험 결과를 이용하여 OR 게이트의 논리동작을 설명하라.

(4) NOT 게이트에 대한 실험 결과를 이용하여 NOT 게이트의 논리동작을 설명하라.

실험 03

범용 논리 게이트

1 실험 목적

이 실험의 목적은 NAND, NOR의 동작 원리를 이해하기 위하여 게이트의 논리식과 진리표를 실험을 통하여 확인 하는데 있다. 또한 범용 게이트를 이용한 기본 게이트의 실현 및 변환 등을 실험을 통해 검증한다.

2 관련이론

1. 범용 게이트(Universal Logic Gate)

NAND와 NOR 게이트는 이들 게이트만으로 다른 기본 논리 게이트를 대신할 수 있어 범용 게이트라 한다.

2. NAND 게이트

NAND는 NOT AND로 AND 결과에 부정을 의미한다. 논리기호는 AND기호의 출력 측에 동그라미(bubble)를 그려 AND의 보수를 나타낸다. NAND 게이트의 출력은 모든 입력이 1일 때 0이 되고, 나머지 입력에 대해서 출력은 1이 된다.

(a) 일반 논리기호 (b) IEEE 논리기호

❙ 그림 3-1 ❙ NAND 게이트 논리기호

▼ 표 3-1. NAND 게이트 진리표

입력		출력
X	Y	F
0	0	1
0	1	1
1	0	1
1	1	0

3. NOR 게이트

NOR은 NOT OR로 OR 결과에 부정을 의미한다. 논리기호는 OR 기호의 출력 측에 동그라미(bubble)를 그려 OR의 보수를 나타낸다. OR 게이트의 출력은 모든 입력이 0일 때 1이 되고, 나머지 입력에 대해서 출력은 0이 된다.

(a) 일반 논리기호 (b) IEEE 논리기호

❙ 그림 3-2 ❙ NOR 게이트 논리기호

▼ 표 3-2. NOR 게이트 진리표

입력		출력
X	Y	F
0	0	1
0	1	0
1	0	0
1	1	0

4. NOR 게이트와 NAND 게이트의 쌍대성

NOR과 NAND는 쌍대성 관계가 있다. 정논리 표현에 있어서 NOR 동작의 구성을 부논리 표현으로 구성할 때 NAND 동작의 게이트로 구현할 수 있다. 이것은 NOR과 NAND의 진리표에서 알 수 있는데, 만약 모든 0이 1로, 모든 1이 0으로 바뀌지면 NOR과 NAND 동작을 바꿔 얻을 수 있음을 확인할 수 있다.

▼ 표 3-3. NOR 게이트와 NAND 게이트의 쌍대성 진리표

NOR			NAND		
입력		출력	입력		출력
X	Y	F	X	Y	F
0	0	1	1	1	0
0	1	0	1	0	1
1	0	0	0	1	1
1	1	0	0	0	1

3 실험 부품

번호	재 료 명	규 격	단 위	수 량
1	IC	74LS00 또는 대치부품	개	1
2	IC	74LS02 또는 대치부품	개	1

4 실험

(1) 그림 3-3의 회로에서 F의 논리식을 쓰고, 입력 X, Y에 대하여 출력 F를 예측하여 표 3-4에 기록하라.

논리식 $F =$ ____________________

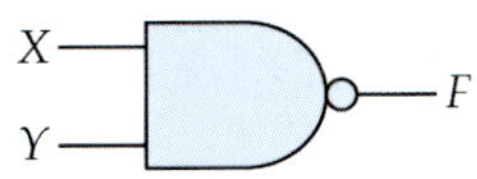

▎그림 3-3 ▎ NAND 게이트

▼ 표 3-4.

입력		출력
X	Y	F
0	0	
0	1	
1	0	
1	1	

(2) 그림 3-4의 4개의 2입력 NAND 게이트(Quadruple 2-input NAND gates)가 포함된 7400 IC를 브레드보드에 장착하고, 14번 핀에는 전원 +5V를, 7번 핀에는 0V(Ground)를 연결한다. 4개의 NAND 게이트 중에서 1개를 이용하여 그림 3-3의 회로로 (3)번 실험을 진행하라.

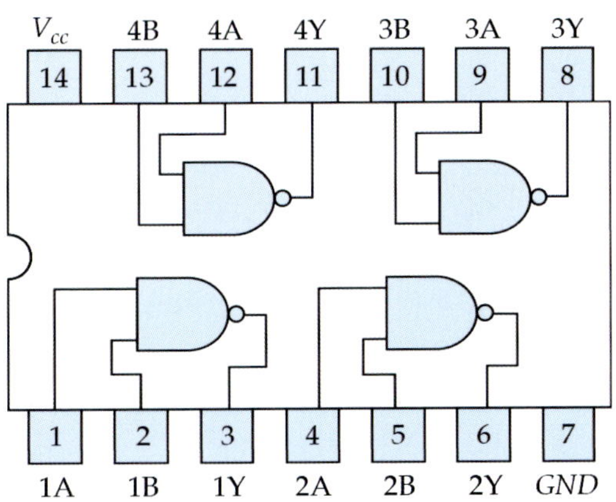

▎그림 3-4 ▎ 2입력 NAND 게이트 IC

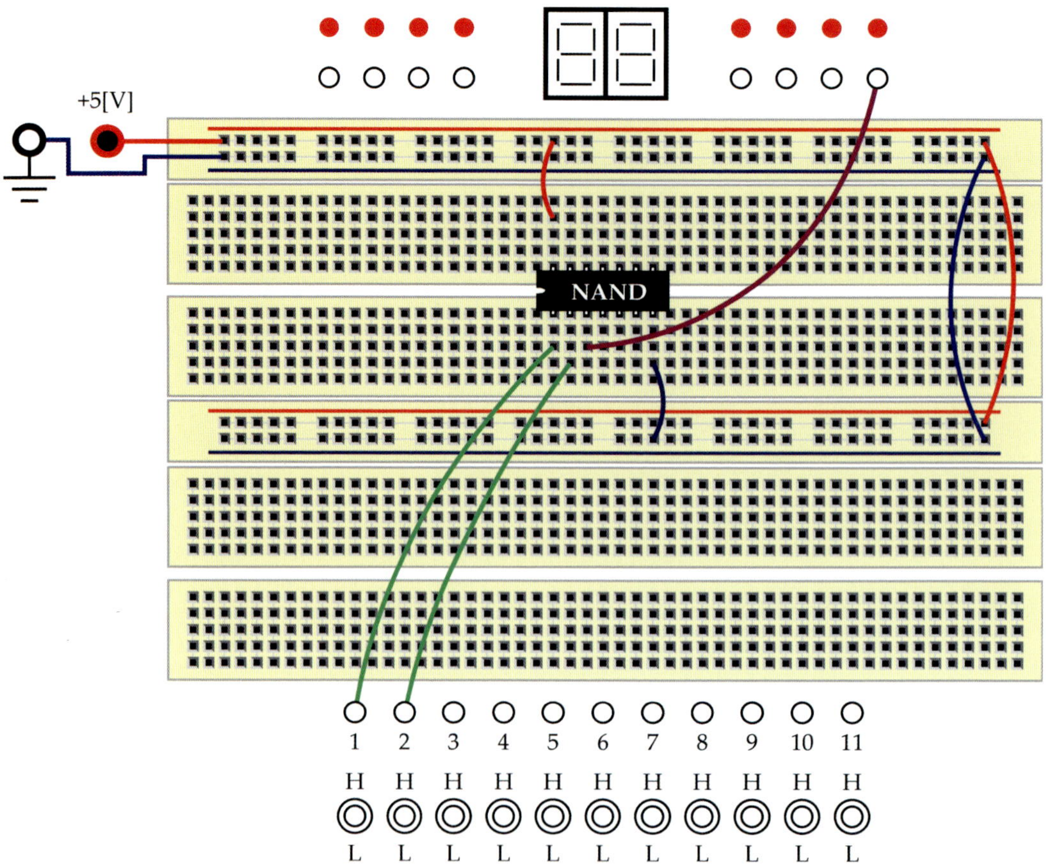

(3) 그림 3-3의 회로에서 표 3-5의 입력 X, Y에 대하여 출력 F의 전압 측정 또는 LED의 ON, OFF 상태를 표 3-5에 기록하라.

▼ 표 3-5.

입력		출력
X	Y	F
0V	0V	
0V	5V	
5V	0V	
5V	5V	

(4) 그림 3-5의 회로에서 출력 F의 논리식을 쓰고, 입력 X, Y, Z에 대하여 출력 F를 예측하여 표 3-6에 기록하라.

논리식 $F =$ ________________

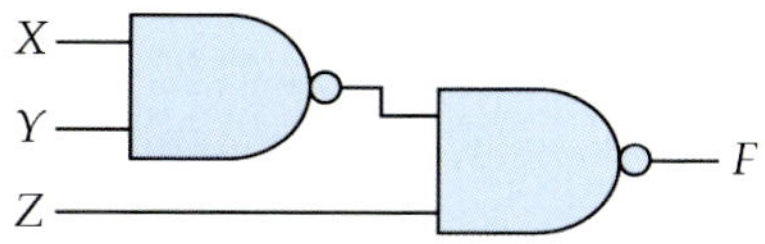

| 그림 3-5 | NAND 게이트를 이용한 논리회로

▼ 표 3-6.

입력			출력
X	Y	Z	F
0	0	0	
0	0	1	
0	1	0	
0	1	1	
1	0	0	
1	0	1	
1	1	0	
1	1	1	

(5) 그림 3-4의 IC에서 2개의 게이트를 이용하여 그림 3-5와 같이 회로를 구성하라.

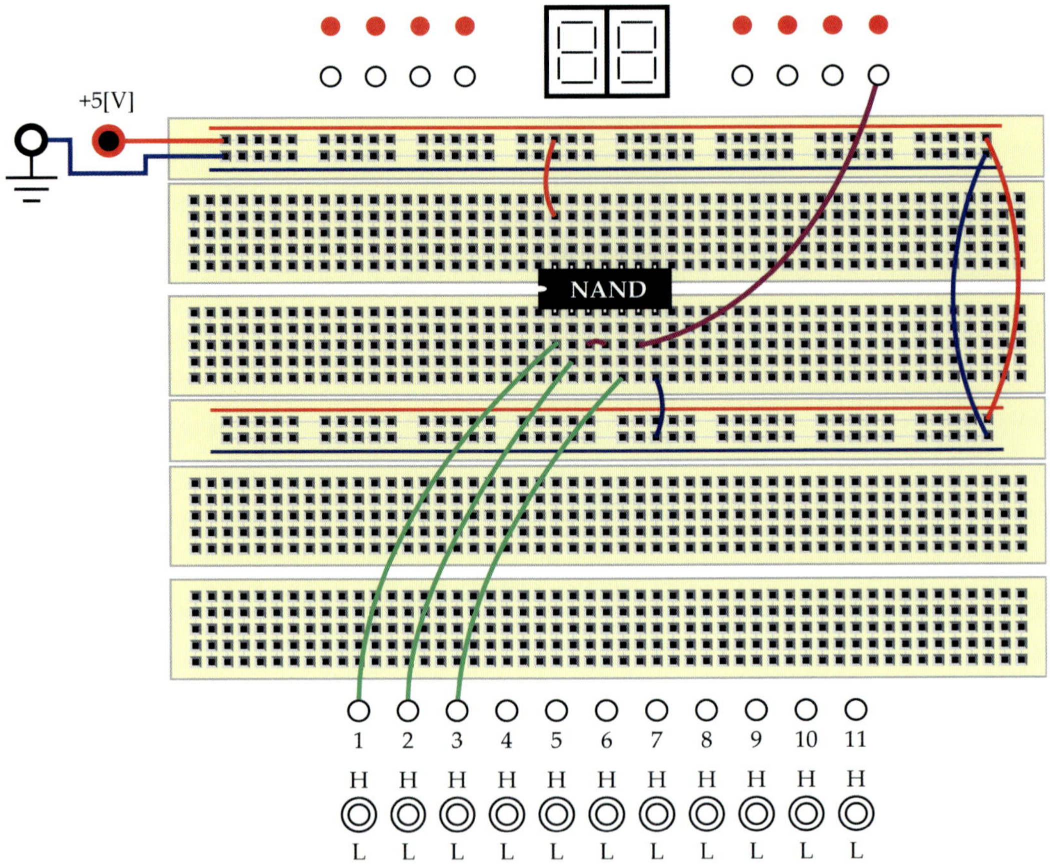

(6) 표 3-7의 입력 X, Y, Z에 대하여 출력 F의 전압 측정 또는 LED의 ON, OFF 상태를 표 3-7에 기록하라.

▼ 표 3-7.

입력			출력
X	Y	Z	F
0V	0V	0V	
0V	0V	5V	
0V	5V	0V	
0V	5V	5V	
5V	0V	0V	
5V	0V	5V	
5V	5V	0V	
5V	5V	5V	

(7) 그림 3-6의 회로에서 F의 논리식을 쓰고, 입력 X, Y에 대하여 출력 F를 예측하여 표 3-8에 기록하라.

논리식 $F =$ ____________________

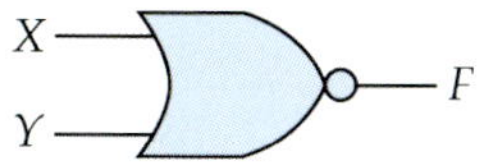

▌그림 3-6▐ NOR 게이트

▼ 표 3-8.

입력		출력
X	Y	F
0	0	
0	1	
1	0	
1	1	

(8) 그림 3-6의 회로를 그림 3-7의 NOR 게이트(Quadruple 2-input NOR gates) 7402 IC를 사용하여 구성하고, 표 3-9의 입력 X, Y에 대하여 회로의 출력 Y를 DMM으로 전압 측정 또는 LED의 ON, OFF 상태를 표 3-9에 기록하라.

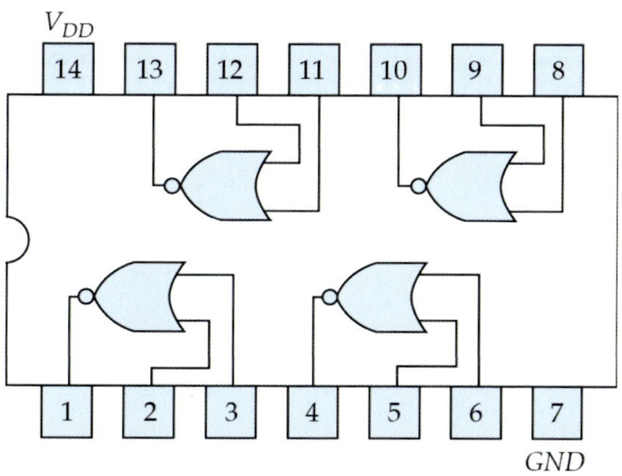

▌그림 3-7▐ 2입력 NOR 게이트 IC

▼ 표 3-9.

입력		출력
X	Y	F
0V	0V	
0V	5V	
5V	0V	
5V	5V	

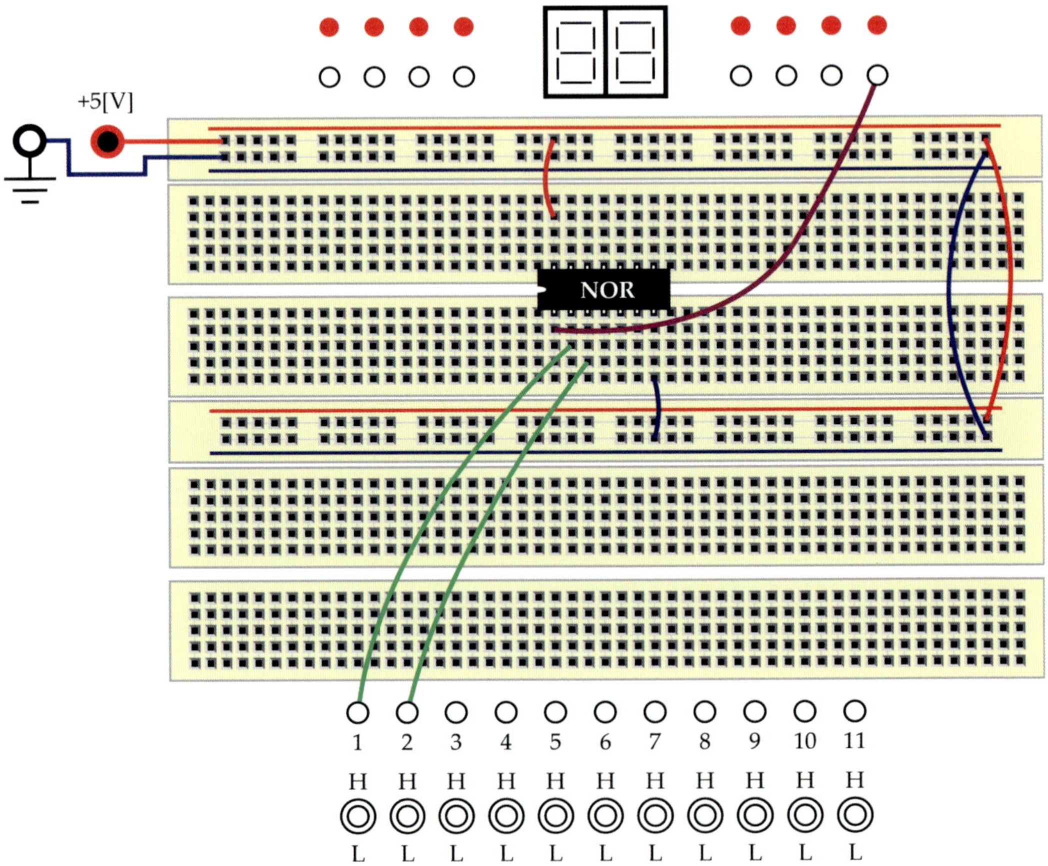

(9) 그림 3-8의 회로에서 F의 논리식을 쓰고, 입력 X, Y, Z에 대하여 출력 F를 예측하여 표 3-10에 기록하라.

논리식 F = ______________________

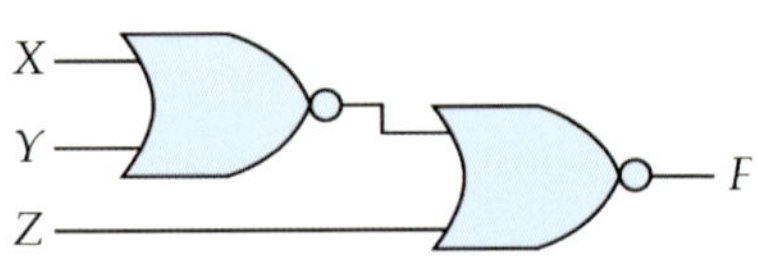

▌그림 3-8 ▌ NOR 게이트를 사용한 회로

▼ 표 3-10.

입력			출력
X	Y	Z	F
0	0	0	
0	0	1	
0	1	0	
0	1	1	
1	0	0	
1	0	1	
1	1	0	
1	1	1	

(10) IC를 이용하여 그림 3-8과 같이 회로를 구성하고 표 3-11의 입력 X, Y, Z에 대하여 출력 F의 전압 측정 또는 LED의 ON, OFF 상태를 표 3-11에 기록하라.

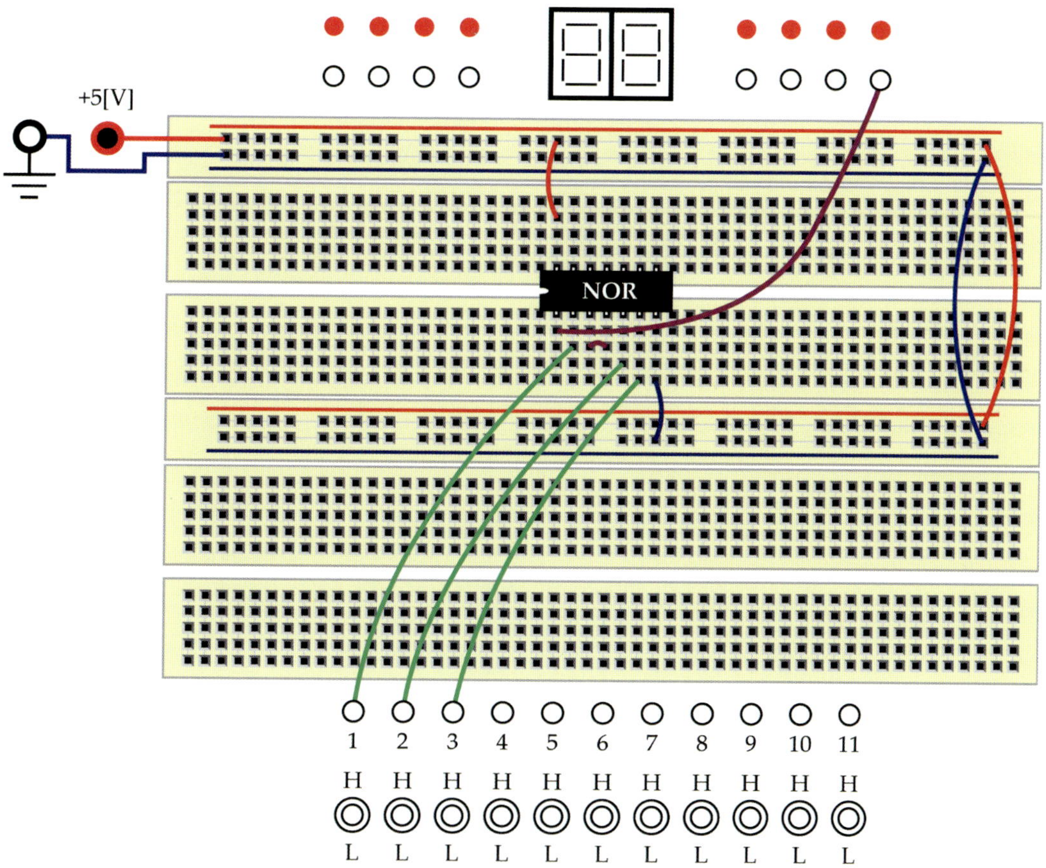

▼ 표 3-11.

입력			출력
X	Y	Z	F
0V	0V	0V	
0V	0V	5V	
0V	5V	0V	
0V	5V	5V	
5V	0V	0V	
5V	0V	5V	
5V	5V	0V	
5V	5V	5V	

(11) 그림 3-9의 회로에서 F의 논리식을 쓰고, 입력 X, Y, Z에 대하여 출력 F를 예측하여 표 3-12에 기록하라.

논리식 F = ______________________

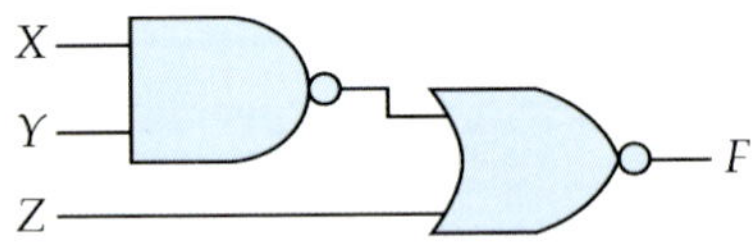

▌그림 3-9▐ NOR 게이트를 사용한 회로

▼ 표 3-12.

입력			출력
X	Y	Z	F
0	0	0	
0	0	1	
0	1	0	
0	1	1	
1	0	0	
1	0	1	
1	1	0	
1	1	1	

(12) 그림 3-9와 같이 회로를 구성하고 표 3-13의 입력 *X*, *Y*, *Z*에 대하여 출력 *F*의 전압 측정 또는 LED의 ON, OFF 상태를 표 3-13에 기록하라.

▼ 표 3-13.

입력			출력
X	*Y*	*Z*	*F*
0V	0V	0V	
0V	0V	5V	
0V	5V	0V	
0V	5V	5V	
5V	0V	0V	
5V	0V	5V	
5V	5V	0V	
5V	5V	5V	

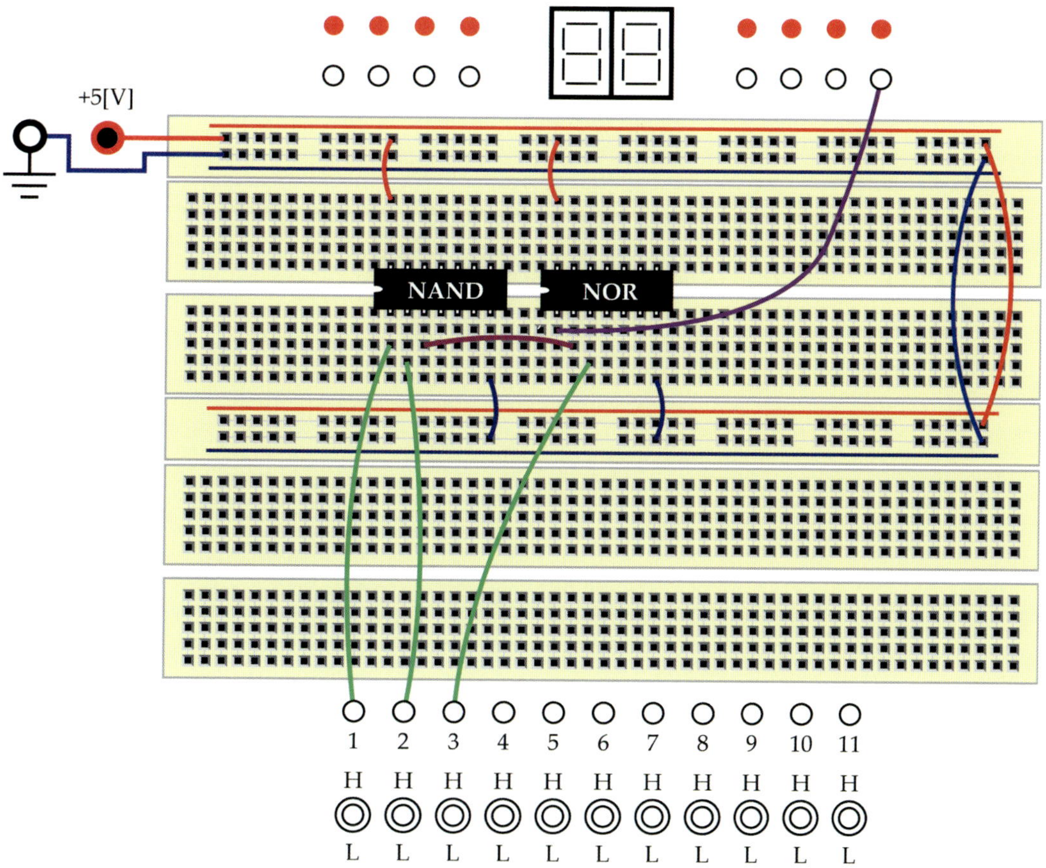

5 실험 결과 검토 및 고찰

(1) 실험 결과로 부터 NAND 게이트의 논리 동작에 대하여 설명하라.

(2) 실험 결과로 부터 NOR 게이트의 논리 동작에 대하여 설명하라.

(3) NAND와 NOR 게이트로 구성할 수 있는 논리 게이트에 대하여 설명하라.

실험 04 부울대수와 드모르간 정리

1 실험 목적

이 실험의 목적은 부울대수의 법칙과 공리, 드모르간 정리를 이해하고 실험을 통해 검증한다.

2 관련이론

1. 부울대수(Boolean Algebra)

부울(George Boole)은 1847년 논리적인 사고와 추론에 관계되는 공정의 수학적 서술 기법을 발표하였으며, 부울이 창시한 두 값(two-valued) 대수체계를 부울대수(Boolean algebra)라 한다. 실제로 부울대수의 공학적인 적용은 1930년대 후반 샤논(Claude Shannon)에 의해서 이루어졌다. 샤논은 스위치로 구성된 전화 스위칭 회로 문제에 부울대수를 효과적으로 사용함으로서 논리회로를 설명하는데 부울대수가 유용한 도구가 되었다. 오늘날 디지털 회로 해석 및 논리함수를 간단화 하는데 수학적 수단을 제공한다.

2. 논리연산

디지털회로 해석 및 설계 또는 논리함수를 간단화 하는데 부울대수를 사용한다. 이 때 사용되는 부울대수는 연산자 AND, OR, NOT의 3개 기본 연산만을 사용한다. AND 연산자는 도트(dot, "•")로 표시하거나 논리식에서는 생략하기도 한다. OR 연산자는 플러스(plus, "+") 기호를 사용한다. NOT 연산자는 프라임 "'", 또는 바 "–"를 사용한다.

3. 부울대수의 공리

부울대수는 보통 대수나 기하학에서 처럼 몇 가지 기본적인 가설(postulates)에서 유도된 법칙들로 이러한 가설들을 공리(a set of axioms)라고 부른다. 표에 12가지 공리가 정리되어있고, 공리들 중에서 좌측과 우측의 공리 간에는 쌍대성이 성립하는데 0과 1을 바꾸고 •와 +를 바꾸면 다른 쪽이 얻어진다. 이를 한쪽이 다른 쪽의 쌍대라 한다.

▼ 표 4-1. 부울대수 공리

$\overline{X}=0$ 이면 $X=1$	$\overline{X}=1$ 이면 $X=0$
$0 \cdot 0=0$	$1+1=1$
$0 \cdot 1=0$	$1+0=1$
$1 \cdot 0=0$	$0+1=1$
$1 \cdot 1=1$	$0+0=0$
$\overline{0}=1$	$\overline{1}=0$

4. 부울대수의 정리

표의 부울대수의 정리(Boolean theorem)는 단일 변수 X 또는 다변수 X, Y에 대하여 부울대수의 공리를 토대로 유도된 것들이다. 표에서 좌측과 우측의 정리들은 서로 쌍대를 이루고 있으며, 보통의 대수에서도 알려져 있는 것들이다. 다만 새로이 분배법칙이 적용된 $X+(Y \cdot Z)=(X+Y) \cdot (X+Z)$는 좀 특별하게 보일 수 있다. 부울대수 정리들은 변수가 2개 이상의 여러 개로 확장하는 경우에도 성립한다.

▼ 표 4-2. 부울대수 정리

$X \cdot 0 = 0$	$X + 1 = 1$
$X \cdot 1 = X$	$X + 0 = X$
$X \cdot X = X$	$X + X = X$
$X \cdot \overline{X} = 0$	$X + \overline{X} = 1$
$\overline{\overline{X}} = X$	
$X \cdot Y = Y \cdot X$	$X + Y = Y + X$
$X \cdot (Y \cdot Z) = (X \cdot Y) \cdot Z$	$X + (Y + Z) = (X + Y) + Z$
$X \cdot (Y + Z) = X \cdot Y + X \cdot Z$	$X + (Y \cdot Z) = (X + Y) \cdot (X + Z)$
$\overline{X \cdot Y} = \overline{X} + \overline{Y}$	$\overline{X + Y} = \overline{X} \cdot \overline{Y}$
$X + X \cdot Y = X$	$X \cdot (X + Y) = X$
$X \cdot Y + X \cdot \overline{Y} = X$	$(X + Y) \cdot (X + \overline{Y}) = X$
$X + \overline{X} \cdot Y = X + Y$	$X \cdot (\overline{X} + Y) = X \cdot Y$

5. 드모르간 정리

드모르간의 정리 $\overline{X \cdot Y} = \overline{X} + \overline{Y}$ 과 $\overline{X + Y} = \overline{X} \cdot \overline{Y}$ 는 논리합과 논리곱을 상호 교환하는데 편리한 정리로 자주 쓰인다.

3 실험 부품

번호	재 료 명	규 격	단 위	수 량
1	IC	74LS04 또는 대치부품	개	1
2	IC	74LS08 또는 대치부품	개	1
3	IC	74LS32 또는 대치부품	개	1

4 실험

(1) 그림 4-1의 회로에서 F의 논리식을 쓰고, 입력 X에 대하여 출력 F를 예측하여 표 4-3에 기록하라. 또한 회로를 구성하여 실험 결과를 표 4-4에 기록하라.

논리식 F = ______________________

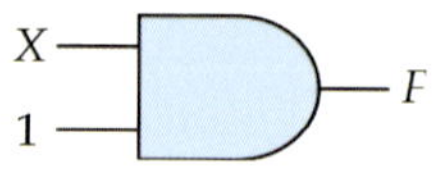

▌그림 4-1▐

▼ 표 4-3.

입력	출력
X	F
0	
1	

▼ 표 4-4.

입력	출력
X	F
L	
H	

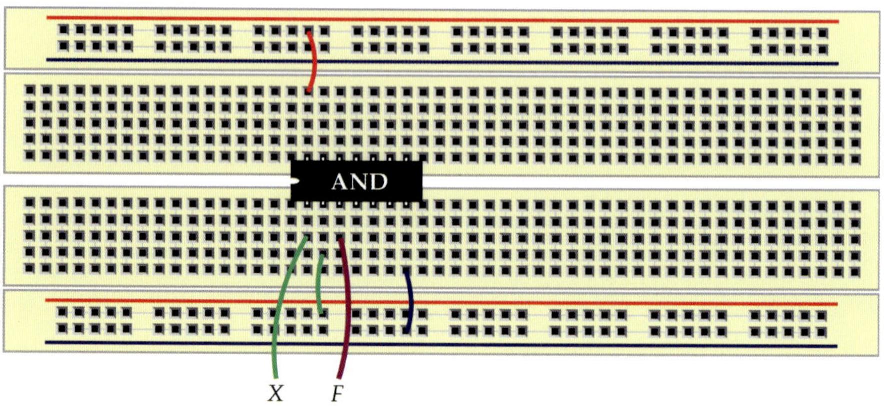

(2) 그림 4-2의 회로에서 F의 논리식을 쓰고, 입력 X에 대하여 출력 F를 예측하여 표 4-5에 기록하라. 또한 회로를 구성하여 실험 결과를 표 4-6에 기록하라.

논리식 F = ______________________

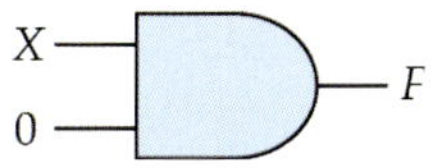

❙ 그림 4-2 ❙

▼ 표 4-5.

입력	출력
X	F
0	
1	

▼ 표 4-6.

입력	출력
X	F
L	
H	

(3) 그림 4-3의 회로에서 F의 논리식을 쓰고, 입력 X에 대하여 출력 F를 예측하여 표 4-7에 기록하라. 또한 회로를 구성하여 실험 결과를 표 4-8에 기록하라.

논리식 $F =$ ______________________

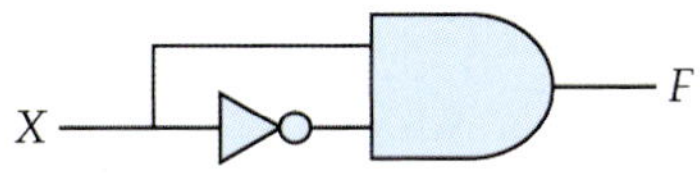

❙ 그림 4-3 ❙

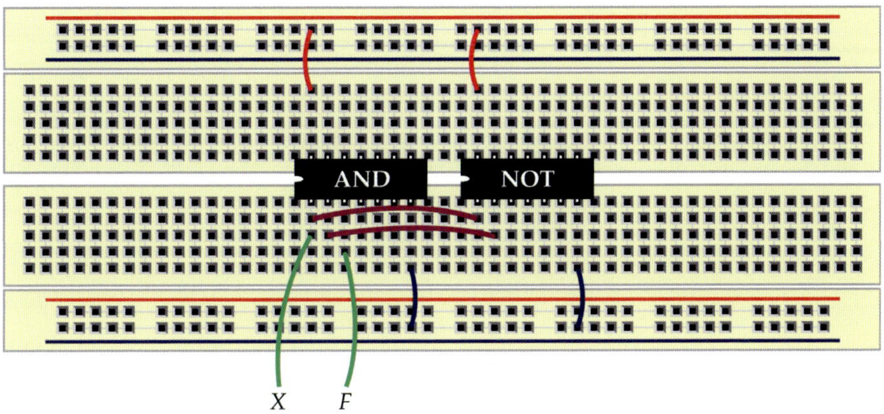

▼ 표 4-7.

입력	출력
X	F
0	
1	

▼ 표 4-8.

입력	출력
X	F
L	
H	

(4) 그림 4-4의 회로에서 F의 논리식을 쓰고, 입력 X에 대하여 출력 F를 예측하여 표 4-9에 기록하라. 또한 회로를 구성하여 실험 결과를 표 4-10에 기록하라.

논리식 F = ______________________

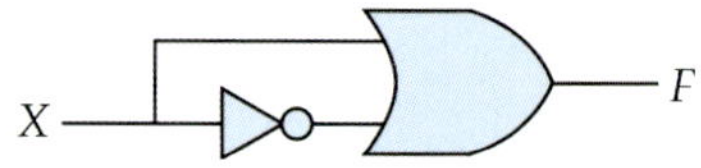

❙ 그림 4-4 ❙

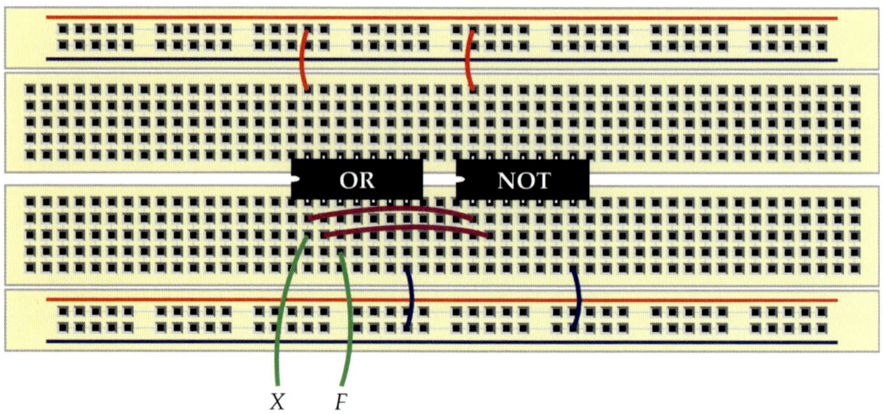

▼ 표 4-9.

입력	출력
X	F
0	
1	

▼ 표 4-10.

입력	출력
X	F
L	
H	

(5) 그림 4-5의 회로에서 F의 논리식을 쓰고, 입력 X에 대하여 출력 F를 예측하여 표 4-11에 기록하라. 또한 회로를 구성하여 실험 결과를 표 4-12에 기록하라.

논리식 F = ______________________

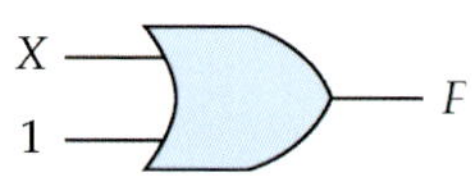

❙ 그림 4-5 ❙

▼ 표 4-11.

입력	출력
X	F
0	
1	

▼ 표 4-12.

입력	출력
X	F
L	
H	

(6) 그림 4-6의 회로에서 F의 논리식을 쓰고, 입력 X, Y에 대하여 출력 F를 예측하여 표 4-13에 기록하라. 또한 회로를 구성하여 실험 결과를 표 4-14에 기록하라. 또한 실험 3의 (3)번 실험 결과와 비교하여 적용되는 법칙을 써라.

논리식 $F =$ ______________________ 법칙 : ______________________

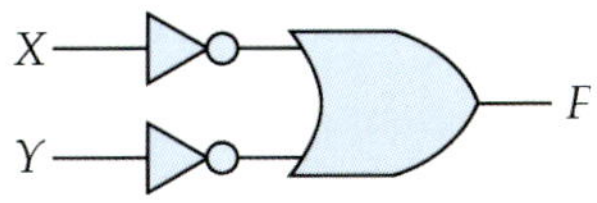

❙ 그림 4-6 ❙

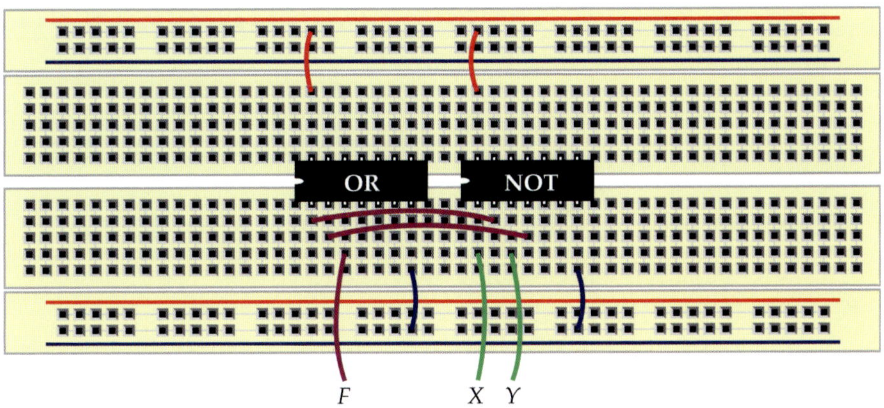

▼ 표 4-13.

입력		출력
X	Y	F
0	0	
0	1	
1	0	
1	1	

▼ 표 4-14.

입력		출력
X	Y	F
L	L	
L	H	
H	L	
H	H	

(7) 그림 4-7의 회로에서 F의 논리식을 쓰고, 입력 X, Y에 대하여 출력 F를 예측하여 표 4-15에 기록하라. 또한 회로를 구성하여 실험 결과를 표 4-16에 기록하라. 또한 실험 3의 (7)번 실험 결과와 비교하여 적용되는 법칙을 써라.

논리식 F = ______________________ 법칙 : ______________________

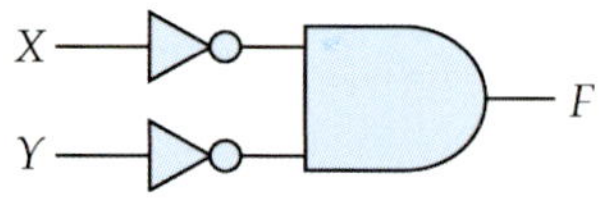

❙ 그림 4-7 ❙

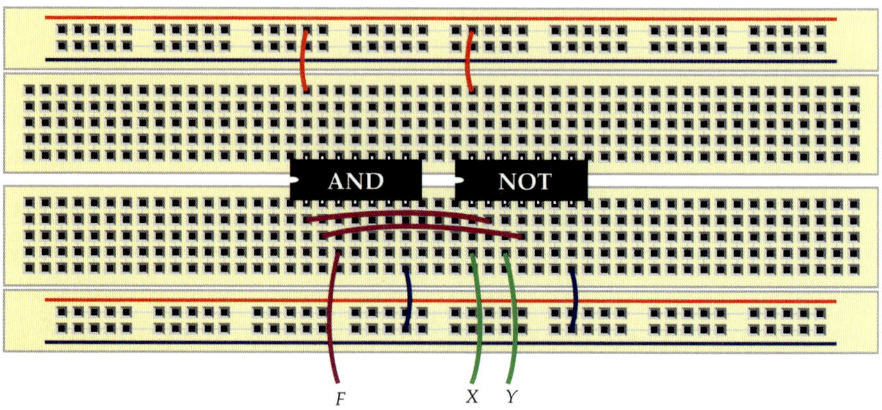

▼ 표 4-15.

입력		출력
X	Y	F
0	0	
0	1	
1	0	
1	1	

▼ 표 4-16.

입력		출력
X	Y	F
L	L	
L	H	
H	L	
H	H	

(8) 그림 4-8과 4-9의 회로에서 F_1, F_2의 논리식을 쓰고, 입력 X, Y, Z에 대하여 출력 F_1, F_2를 예측하여 표 4-17에 기록하라. 또한 회로를 구성하여 실험 결과를 표 4-18에 기록하라.

$F_1 =$ ______________________________ $F_2 =$ ______________________________

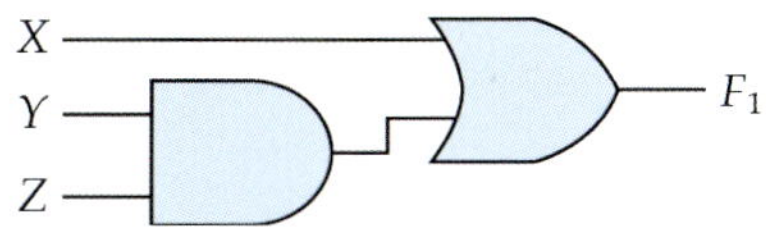

❙ 그림 4-8 ❙

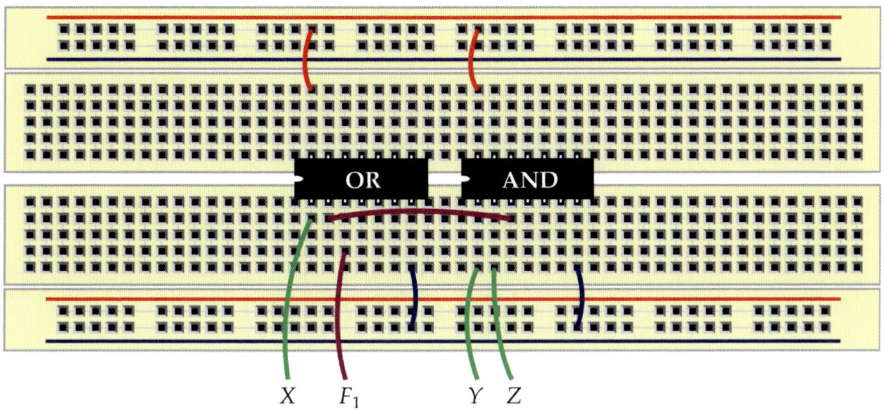

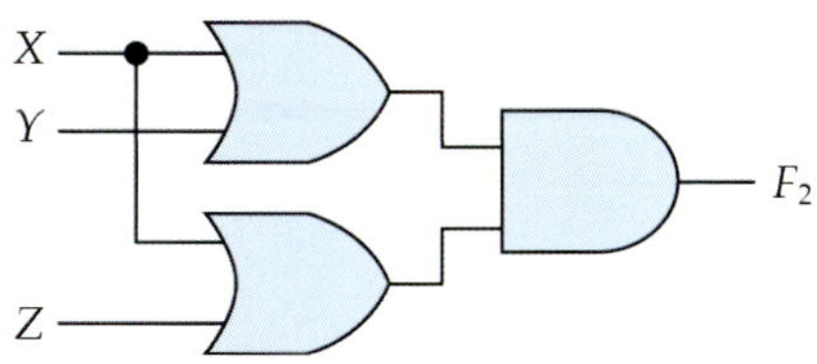

❙ 그림 4-9 ❙

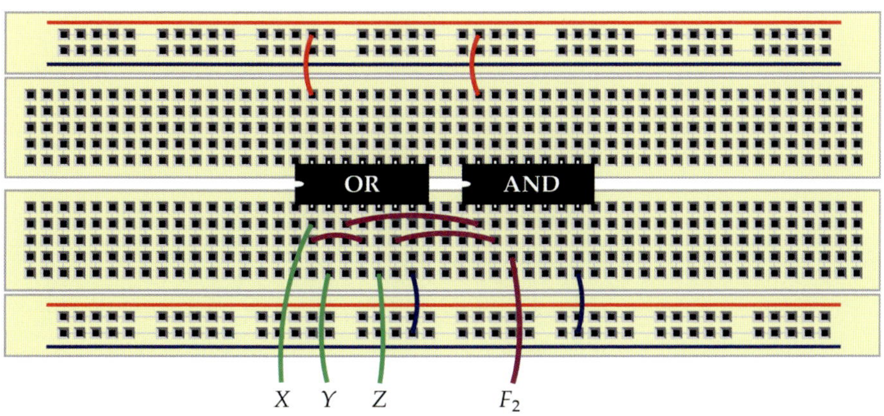

▼ 표 4-17.

입력			출력	
X	Y	Z	F_1	F_2
0	0	0		
0	0	1		
0	1	0		
0	1	1		
1	0	0		
1	0	1		
1	1	0		
1	1	1		

▼ 표 4-18.

입력			출력	
X	Y	Z	F_1	F_2
L	L	L		
L	L	H		
L	H	L		
L	H	H		
H	L	L		
H	L	H		
H	H	L		
H	H	H		

(9) 그림 4-10의 회로에서 출력 F의 논리식을 쓰고, 입력 X, Y에 대하여 출력 F를 예측하여 표 4-19에 기록하라. 또한 회로를 구성하여 실험 결과를 표 4-20에 기록하고 부울 대수의 어떠한 정리가 적용되는지 확인하라.

$F =$ ____________________

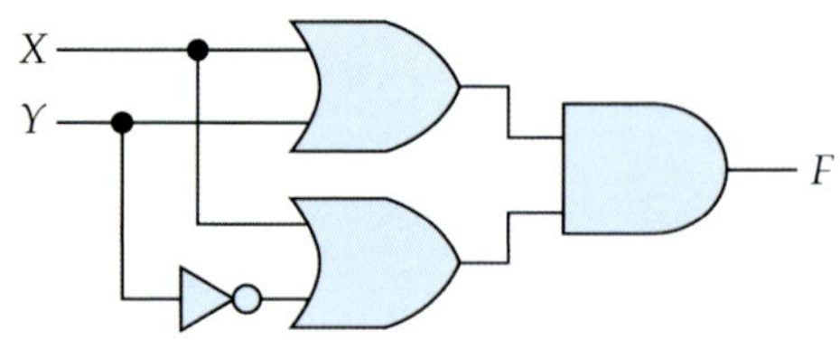

▌그림 4-10▐

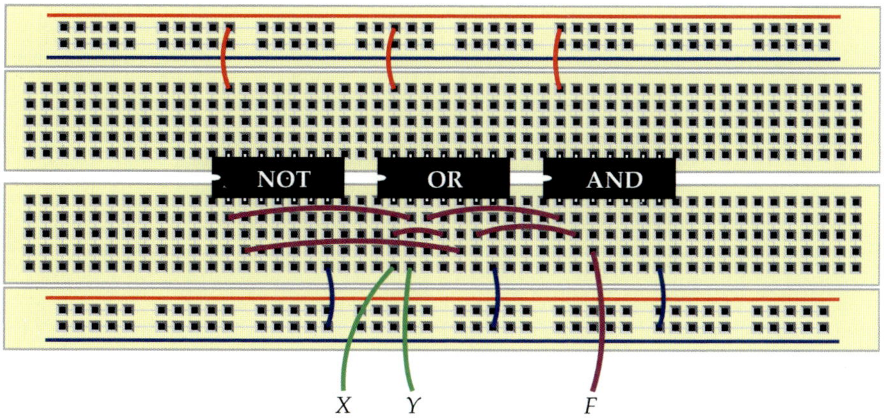

▼ 표 4-19.

입력		출력
X	Y	F
0	0	
0	1	
1	0	
1	1	

▼ 표 4-20.

입력		출력
X	Y	F
L	L	
L	H	
H	L	
H	H	

(10) 그림 4-11의 회로에서 출력 F의 논리식을 쓰고, 입력 X, Y에 대하여 출력 F를 예측하여 표 4-21에 기록하라. 또한 회로를 구성하여 실험 결과를 표 4-22에 기록하고 부울대수의 어떠한 정리가 적용되는지 확인하라.

$F =$ ________________

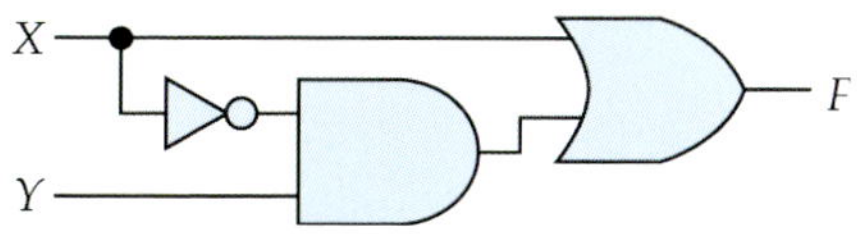

▌그림 4-11▐

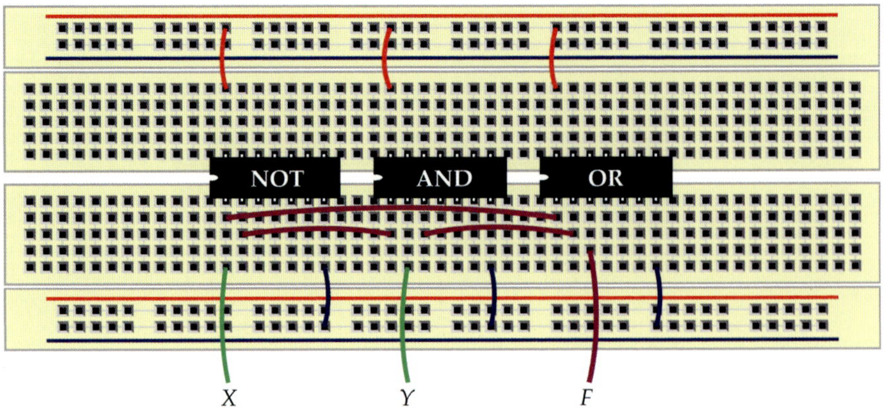

▼ 표 4-21.

입력		출력
X	Y	F
0	0	
0	1	
1	0	
1	1	

▼ 표 4-22.

입력		출력
X	Y	F
L	L	
L	H	
H	L	
H	H	

5 실험 결과 검토 및 고찰

(1) 각각의 실험의 결과를 이용하여 부울대수의 정리에 대하여 설명하라.

(2) 드모르간 정리가 사용되는 실험은 몇 번이고, 또한 실험의 결과로부터 드모르간 정리를 설명하라.

실험 05 응용 논리 게이트

1 실험 목적

이 실험의 목적은 Exclusive OR(X-OR), Exclusive NOR(X-NOR)의 동작 원리를 이해하고 논리식과 진리표를 실험을 통하여 확인 하는데 있다. 또한 응용회로를 구성하여 논리회로 응용력을 키우는데 있다.

2 관련이론

1. 응용 게이트(Application Logic Gate)

논리회로 설계시 두 입력이 같거나 다를 경우를 비교하는 경우가 자주 있는데 이러한 경우 X-OR(Exclusive OR)나 X-NOR(Exclusive NOR)을 사용하면 편리하다.

2. XOR 게이트

XOR은 배타적 OR 연산으로 두 입력이 서로 다른 논리 값을 가질 때만 출력이 1이 되는 게이트로서 연산 기호는 "⊕"를 사용한다. 변수 X, Y간의 XOR을 $X \oplus Y$로 표시하며 다음과 같은 논리식이 성립한다.

$$X \oplus Y = X\overline{Y} + \overline{X}Y$$

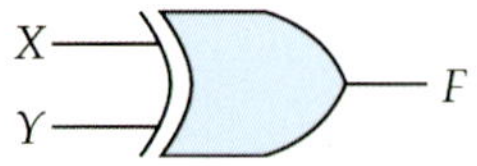

(a) 일반 논리기호

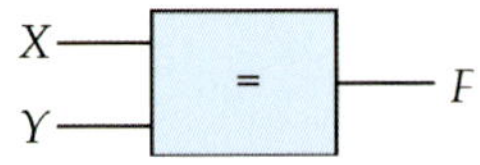

(b) IEEE 논리기호

❙ 그림 5-1 ❙ XOR 게이트 논리기호

▼ 표 5-1. XOR 게이트 진리표

입력		출력
X	Y	F
0	0	0
0	1	1
1	0	1
1	1	0

3. XNOR 게이트

XNOR은 배타적 OR 연산의 보수로 두 입력이 같은 논리 값을 가질 때만 출력이 1이 되는 게이트로서 연산 기호는 "⊙"를 사용한다. 변수 X, Y간의 XNOR을 $X \odot Y$로 표시하며 다음과 같은 논리식이 성립한다.

$$X \odot Y = \overline{X \oplus Y} = \overline{X}\,\overline{Y} + XY$$

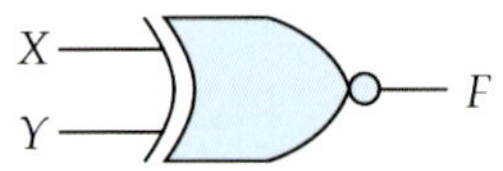

(a) 일반 논리기호

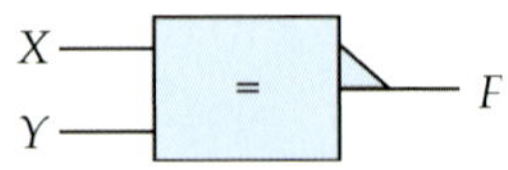

(b) IEEE 논리기호

❙ 그림 5-2 ❙ XNOR 게이트 논리기호

▼ 표 5-2. XNOR 게이트 진리표

입력		출력
X	Y	F
0	0	1
0	1	0
1	0	0
1	1	1

3 실험 부품

번호	재 료 명	규 격	단 위	수 량
1	IC	74LS04 또는 대치부품	개	1
2	IC	74LS08 또는 대치부품	개	1
3	IC	74LS32 또는 대치부품	개	1
4	IC	74LS86 또는 대치부품	개	1

4 실험

(1) 그림 5-3의 회로에서 F의 논리식을 쓰고, 입력 X, Y에 대하여 출력 F를 예측하여 표 5-3에 기록하라.

논리식 F = ______________________

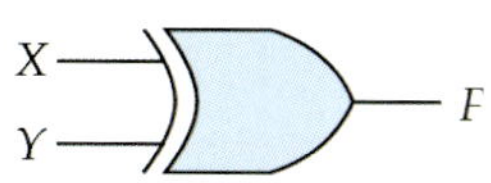

❙ 그림 5-3 ❙ X-OR 게이트

▼ 표 5-3.

입력		출력
X	Y	F
0	0	
0	1	
1	0	
1	1	

(2) 그림 5-4의 4개의 X-OR 게이트(Quadruple Exclusive OR gates)가 포함된 7486 IC를 브레드보드에 장착하고, 14번 핀에는 전원 +5V를, 7번 핀에는 0V(Ground)를 연결한다. 4개의 X-OR 게이트 중에서 1개를 이용하여 그림 5-3의 회로로 (3)번 실험을 진행하라.

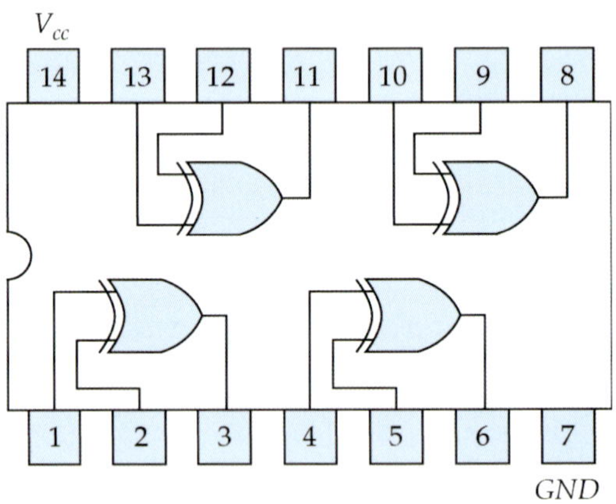

▌그림 5-4 ▌ X-OR 게이트 IC

(3) 그림 5-3의 회로에서 표 5-4의 입력 X, Y에 대하여 출력 F를 측정하여 표 5-4에 기록하라.

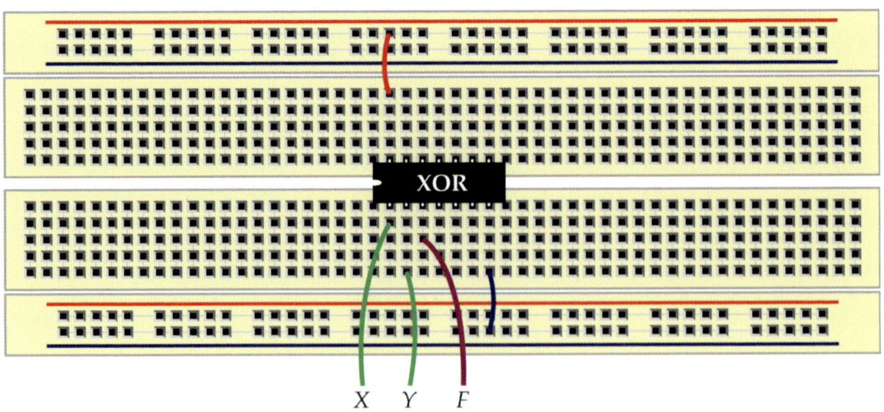

▼ 표 5-4.

입력		출력
X	Y	F
L	L	
L	H	
H	L	
H	H	

(4) 그림 5-5의 회로에서 출력 F의 논리식을 쓰고, 입력 X, Y, Z에 대하여 출력 F를 예측하여 표 5-5에 기록하라.

논리식 $F =$ ______________________

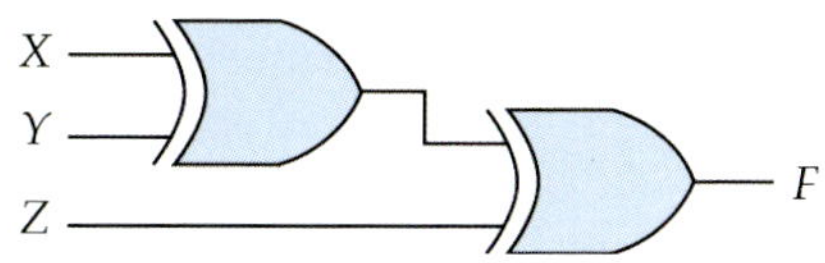

❙그림 5-5❙ X-OR 게이트를 이용한 논리회로

▼ 표 5-5.

입력			출력
X	Y	Z	F
0	0	0	
0	0	1	
0	1	0	
0	1	1	
1	0	0	
1	0	1	
1	1	0	
1	1	1	

(5) 그림 5-5와 같이 회로를 구성하고 표 5-6의 입력 X, Y, Z에 대하여 출력 F를 측정하여 표 5-6에 기록하라.

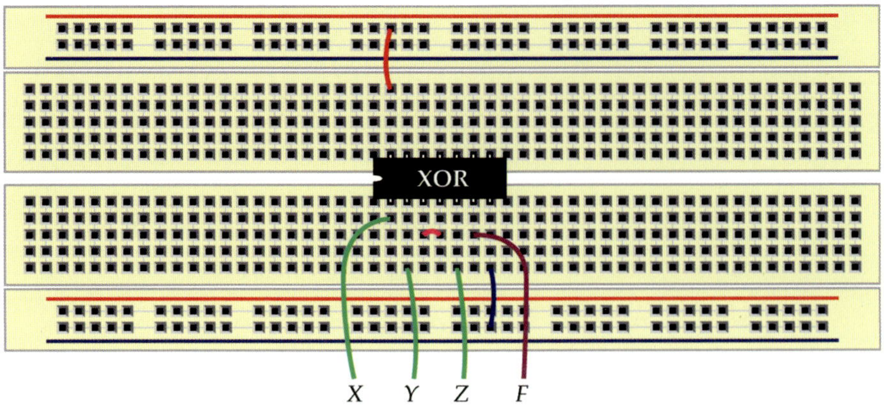

▼ 표 5-6.

입력			출력
X	Y	Z	F
L	L	L	
L	L	H	
L	H	L	
L	H	H	
H	L	L	
H	L	H	
H	H	L	
H	H	H	

(6) 그림 5-6의 회로에서 F의 논리식을 쓰고, 입력 X, Y에 대하여 출력 F를 예측하여 표 5-7에 기록하라.

논리식 $F =$ ______________________

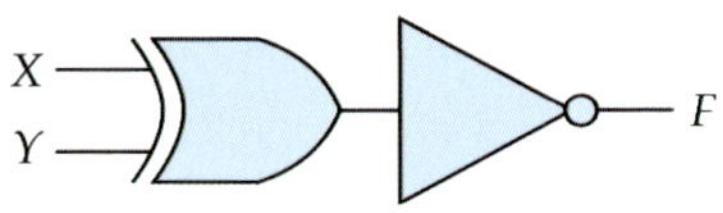

▌그림 5-6 ▌ X-NOR 회로

▼ 표 5-7.

입력		출력
X	Y	F
0	0	
0	1	
1	0	
1	1	

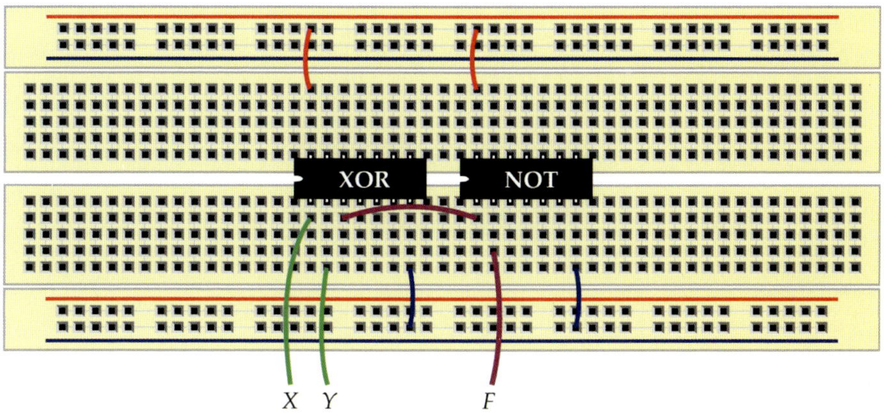

(7) 그림 5-6의 회로를 구성하고, 표 5-8의 입력 X, Y에 대하여 회로의 출력 F를 측정하여 표 5-8에 기록하라.

▼ 표 5-8.

입력		출력
X	Y	F
L	L	
L	H	
H	L	
H	H	

(8) 그림 5-7의 패리티 검출, 패리티 비트 발생회로에서 F_1, F_2, F_3의 논리식을 쓰고, 입력 W, X, Y, Z에 대하여 출력 F_1, F_2, F_3를 예측하여 표 5-9에 기록하라.

F_1 = ____________ F_2 = ____________ F_3 = ____________

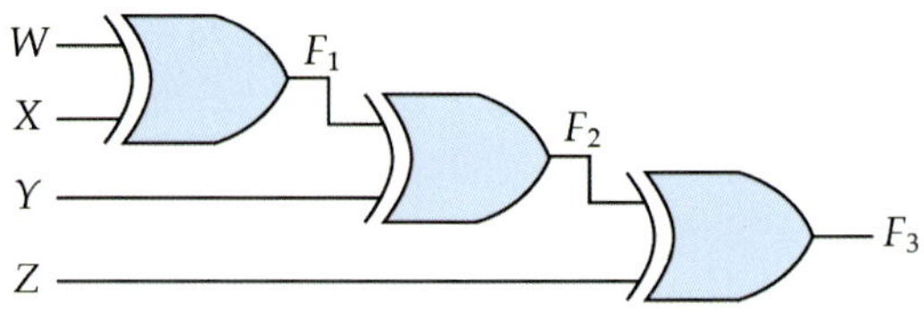

【그림 5-7】 X-OR 게이트를 사용한 회로

▼ 표 5-9.

입력				출력		
W	X	Y	Z	F_1	F_2	F_3
0	0	0	0			
0	0	0	1			
0	0	1	0			
0	0	1	1			
0	1	0	0			
0	1	0	1			
0	1	1	0			
0	1	1	1			
1	0	0	0			
1	0	0	1			
1	0	1	0			
1	0	1	1			
1	1	0	0			
1	1	0	1			
1	1	1	0			
1	1	1	1			

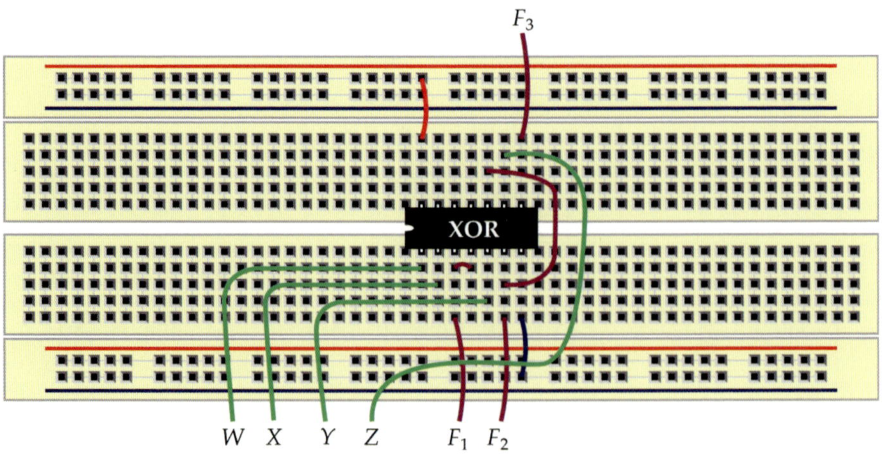

(9) 그림 5-7과 같이 회로를 구성하고 표 5-10의 입력 W, X, Y, Z에 대하여 출력 F_1, F_2, F_3를 측정하여 표 5-10에 기록하라.

▼ 표 5-10.

입력				출력		
W	X	Y	Z	F_1	F_2	F_3
L	L	L	L			
L	L	L	H			
L	L	H	L			
L	L	H	H			
L	H	L	L			
L	H	L	H			
L	H	H	L			
L	H	H	H			
H	L	L	L			
H	L	L	H			
H	L	H	L			
H	L	H	H			
H	H	L	L			
H	H	L	H			
H	H	H	L			
H	H	H	H			

(10) 그림 5-8의 회로에서 F의 논리식을 쓰고, 입력 X, Y에 대하여 출력 F를 예측하여 표 5-11에 기록하라.

논리식 F = ______________________

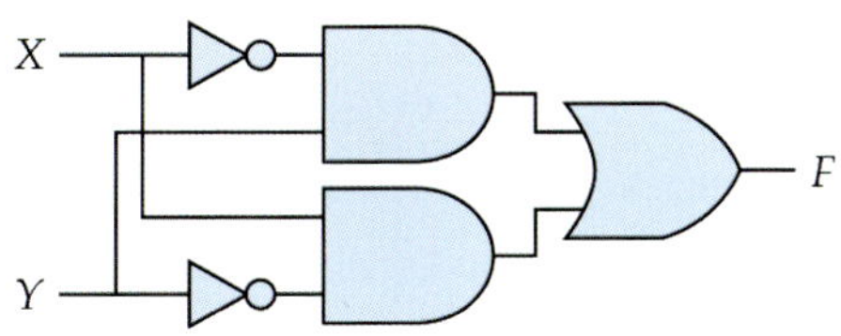

❙ 그림 5-8 ❙ 기본 게이트를 사용한 회로

▼ 표 5-11.

입력		출력
X	Y	F
0	0	
0	1	
1	0	
1	1	

(11) 그림 5-8과 같이 회로를 구성하고 표 5-12의 입력 X, Y에 대하여 출력 F를 측정하여 표 5-12에 기록하라.

▼ 표 5-12.

입력		출력
X	Y	F
L	L	
L	H	
H	L	
H	H	

(12) 표 5-13의 2진수를 그레이 코드로 바꿔라.

▼ 표 5-13.

2진수					그레이코드				
B_1	B_2	B_3	B_4	B_5	G_1	G_2	G_3	G_4	G_5
0	0	0	0	1					
0	0	0	1	1					
0	0	1	0	1					
0	0	1	1	0					
0	1	0	0	1					
0	1	0	1	1					
0	1	1	0	0					
0	1	1	1	0					

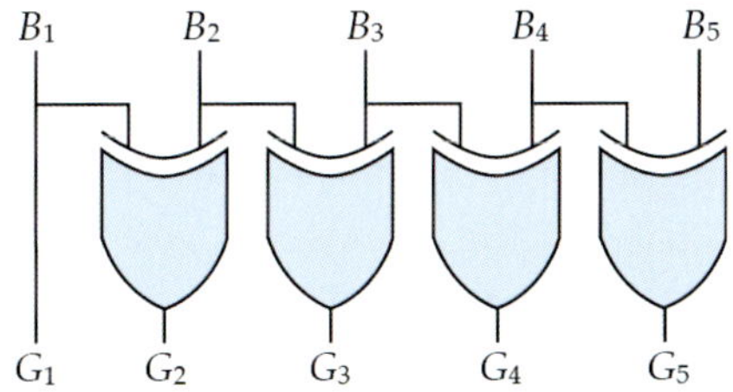

❙ 그림 5-9 ❙ 2진수-그레이코드 변환 회로

(13) 그림 5-9의 2진수를 그레이 코드로 바뀌는 회로를 구성하여 실험 결과를 표 5-14에 기록하고, 결과를 표 5-13과 비교하라.

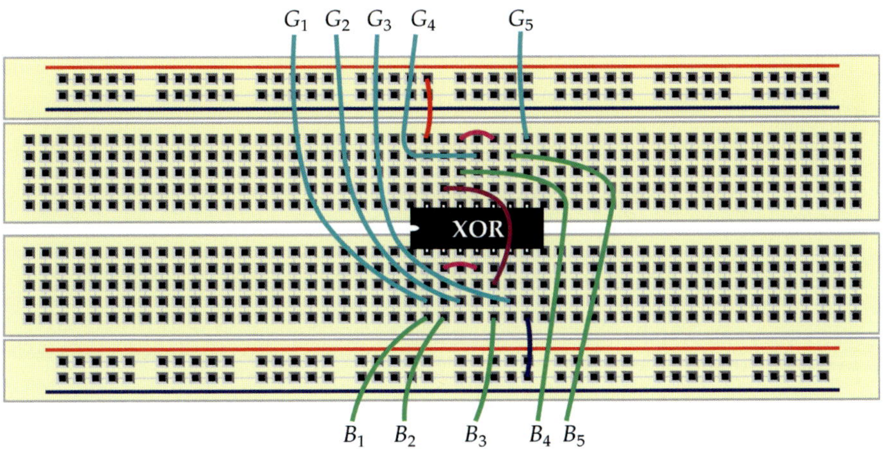

▼ 표 5-14.

2진수					그레이코드				
B_1	B_2	B_3	B_4	B_5	G_1	G_2	G_3	G_4	G_5
L	L	L	L	H					
L	L	L	H	H					
L	L	H	L	H					
L	L	H	H	L					
L	H	L	L	H					
L	H	L	H	H					
L	H	H	L	L					
L	H	H	H	L					

5 실험 결과 검토 및 고찰

(1) X-OR 게이트에 대하여 실험결과를 이용하여 설명하라.

(2) X-NOR 게이트에 대하여 실험결과를 이용하여 설명하라.

(3) 패리티 검출 및 패리티 비트 발생에 대하여 설명하라.

(4) 그레이코드를 2진수로 바꾸는 회로를 그려라.

02

조합논리회로편

실험 06 가산기와 감산기

1 실험 목적

이 실험의 목적은 반가산기, 전가산기의 구성 및 동작 특성을 이해하고 실험을 통해 검증하는데 있다. 또한 반감산기, 전감산기의 구성이 가산기와 어떠한 차이가 있는지 관찰하고 제어신호를 이용하여 가산기와 감산기로 동작하는 것을 확인한다.

2 관련이론

1. 반가산기(Half Adder)

덧셈을 하는 장치를 가산기(adder)라 한다. 덧셈은 두 개의 2진수에서 더해지는 수를 피가수(augend)라 하고 더하는 수를 가수(addend)라 하며 연산 결과 합(sum)과 올림수(carry)로 나타낸다.

반가산기(half adder, HA)는 가장 간단한 2진 가산기로서 2개의 한 비트 2진수를 더하는 조합논리회로이다. 반가산기는 2개의 2진수 입력 피연산수 X와 연산수 Y를 더하여 2개의 출력 합 S와 올림수 C를 발생하는 회로로 구성된다. 반가산기의 블록도와 진리표를 그림에 나타냈다.

		X	피가수
	+	Y	가수
올림수	C	S	합

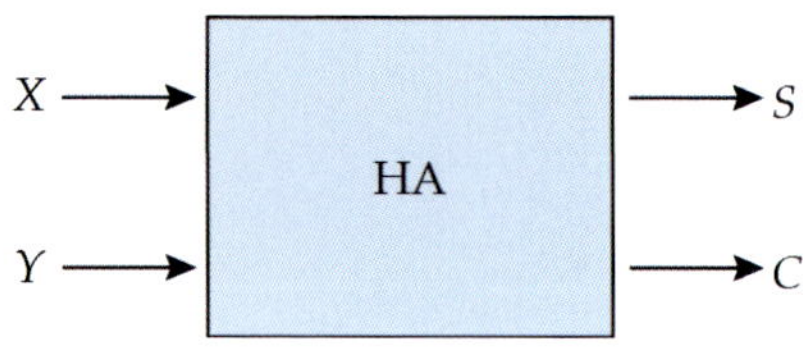

(a) 블록도

입력	출력
X Y	S C
0 0	0 0
0 1	1 0
1 0	1 0
1 1	0 1

(b) 진리표

❙ 그림 6-1 ❙ 반가산기

진리표로부터 반가산기의 출력들을 카르노 맵을 이용하여 간단화하면, 합 S는 인접 항들이 없고, 올림 C는 항이 하나이므로 간단화 할 수 없이 그대로 표현된다.

$$S = \overline{X}Y + X\overline{Y} = X \oplus Y$$
$$C = XY$$

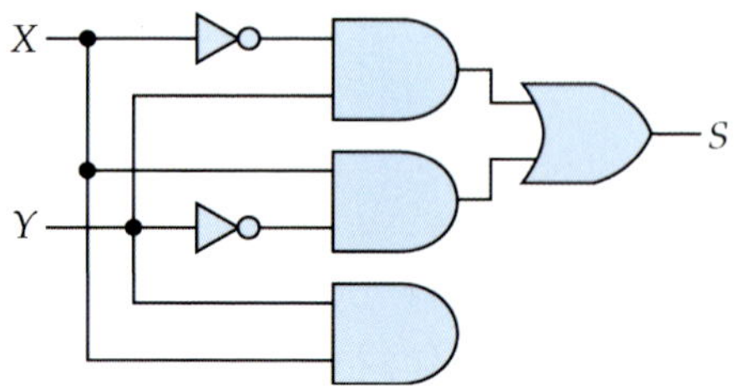

(a) 기본 게이트 이용한 반가산기

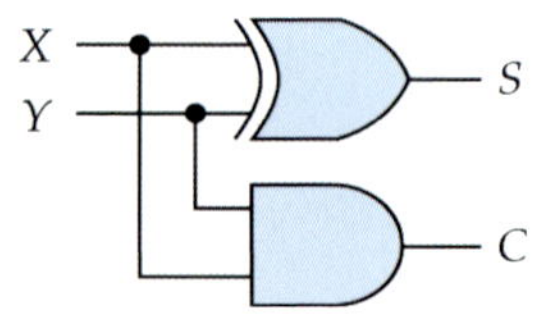

(b) XOR 이용한 반가산기

❙ 그림 6-2 ❙ 반가산기 회로도

2. 전가산기

전가산기(full adder, FA)는 반가산기 2개의 2진수 입력 X, Y에 하위 비트에서 발생한 올림수 C_i를 포함하여 3개의 입력 비트들의 합을 구하는 조합논리회로로 3개의 입력과 2

개의 출력으로 구성된다.

		C_i	하위 비트 올림수
		X	피가수
	+	Y	가수
올림수	C	S	합

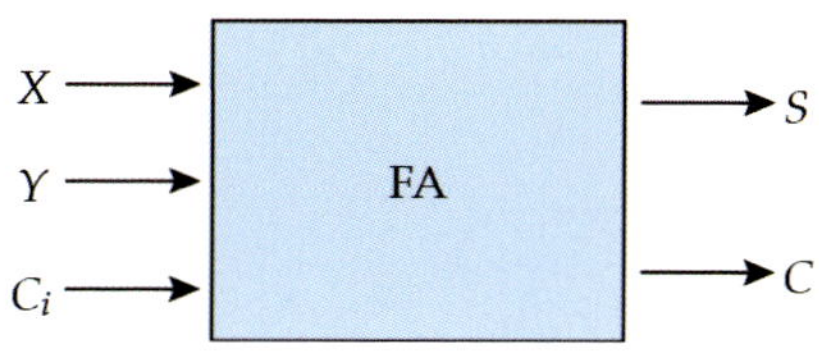

(a) 블록도

입력			출력	
C_i	X	Y	S	C
0	0	0	0	0
0	0	1	1	0
0	1	0	1	0
0	1	1	0	1
1	0	0	1	0
1	0	1	0	1
1	1	0	0	1
1	1	1	1	1

(b) 진리표

| 그림 6-3 | 전가산기

$$S = \overline{X}Y\overline{C_i} + X\overline{Y}\,\overline{C_i} + \overline{X}\,\overline{Y}C_i + XYC_i$$

$$C = \overline{X}YC_i + X\overline{Y}C_i + XY\overline{C_i} + XYC_i = XY + YC_i + C_iX$$

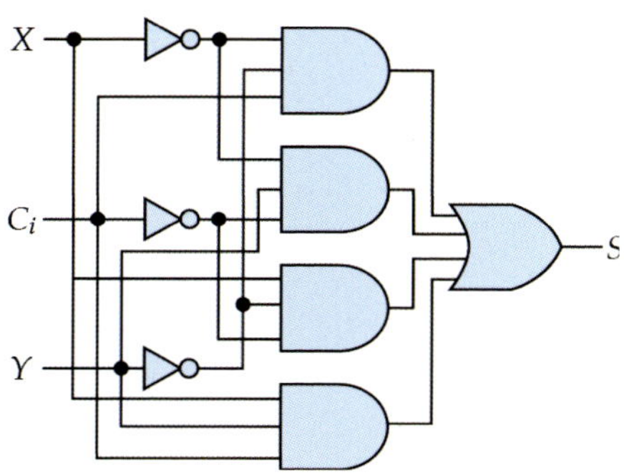

(a) 전가산기 합 회로

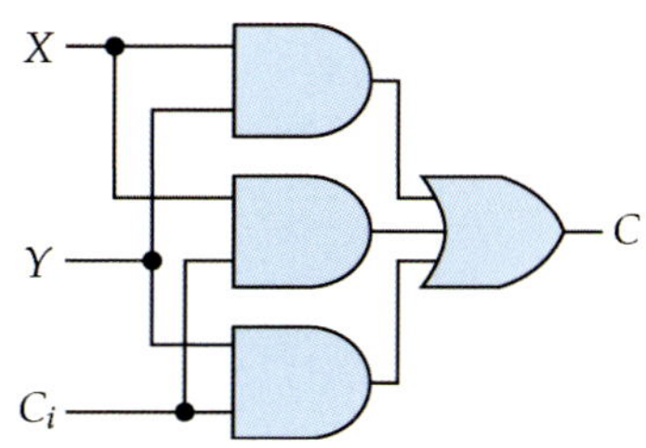

(b) 전가산기 자리올림 회로

| 그림 6-4 | 전가산기 회로도

반가산기를 이용하여 전가산기를 실현할 수 있는데 전가산기의 논리식을 다음과 같이 쓸 수 있다

$$S = \overline{X}Y\overline{C_i} + X\overline{Y}\overline{C_i} + \overline{X}\overline{Y}C_i + XYC_i = (\overline{X}Y + X\overline{Y})\overline{C_i} + (\overline{X}\overline{Y} + XY)C_i$$

$$= (\overline{X \oplus Y})C_i + (X \oplus Y)\overline{C_i} = X \oplus Y \oplus C_i$$

$$C = \overline{X}YC_i + X\overline{Y}C_i + XY\overline{C_i} + XYC_i = (\overline{X}Y + X\overline{Y})C_i + XY(\overline{C_i} + C_i)$$

$$= (X \oplus Y)C_i + XY$$

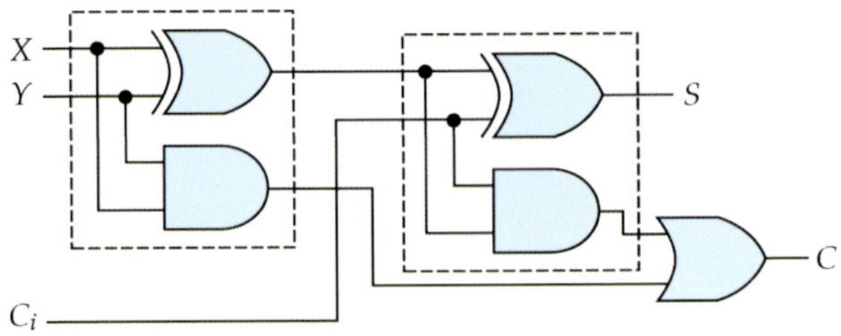

【그림 6-5】 반가산기를 이용한 전가산기 회로도

3. 반감산기

뺄셈을 하는 장치를 감산기(subtracter)라 하고 뺄셈은 두 개의 2진수에서 빼지는 수를 피감수(minuend)라 하고 빼는 수를 감수(subtrahend)라 하며 연산 결과 차(difference)와 빌림수(borrow)로 나타낸다.

반감산기(half subtracter, HS)는 가장 간단한 2진 감산기로서 2개의 한 비트 2진수를 빼는 조합논리회로이다. 반감산기는 2개의 2진수 입력 피연산수 X에서 연산수 Y를 빼서 2개의 출력 차 D와 빌림수 B를 발생하는 회로로 구성된다. 반감산기의 블록도와 진리표를 그림에 나타냈다.

		X	피감수
	-	Y	감수
빌림수	B	D	차

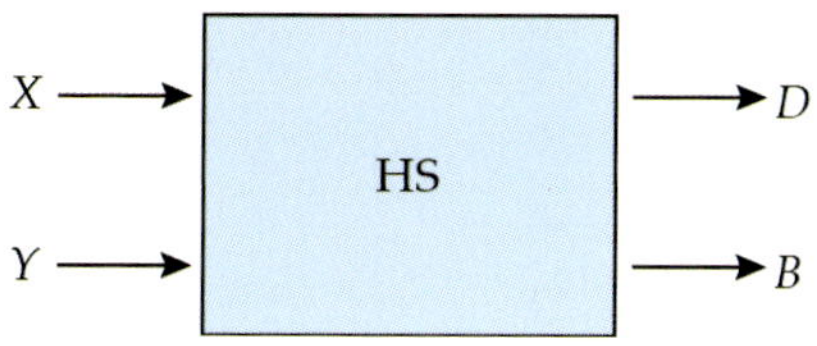

(a) 블록도

입력		출력	
X	Y	D	B
0	0	0	0
0	1	1	1
1	0	1	0
1	1	0	0

(b) 진리표

❙ 그림 6-6 ❙ 반감산기

진리표로부터 반감산기의 출력들을 카르노 맵을 이용하여 간단화 하면, 차 D는 인접 항들이 없고, 빌림 B는 항이 하나이므로 간단화 할 수 없이 그대로 표현된다.

$$S=\overline{X}Y+X\overline{Y}=X\oplus Y, \qquad C=\overline{X}Y$$

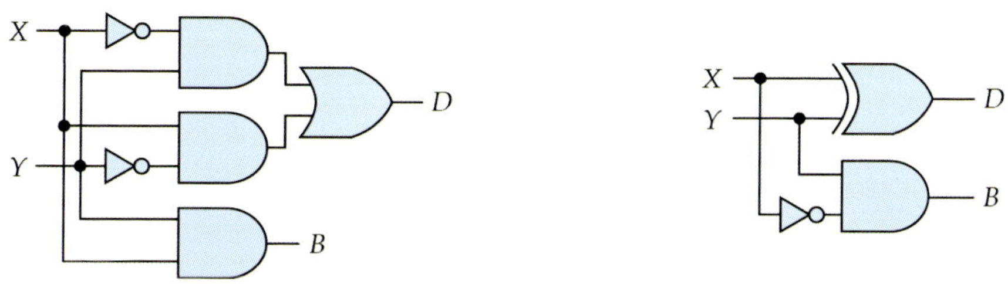

(a) 기본 게이트 이용한 반감산기

(b) XOR 이용한 반감산기

❙ 그림 6-7 ❙ 반감산기 회로도

4. 전감산기

전감산기(full subtracter, FS)는 반감산기 2개의 2진수 입력 X, Y에 하위 비트에서 발생한 빌림수 B_i를 포함하여 3개의 입력 비트들에서 입력 X를 입력 Y와 빌림수 B_i로 빼는 조합논리회로로 3개의 입력과 2개의 출력으로 구성된다.

		B_i	하위 비트 빌림수
		X	피감수
	-	Y	감수
빌림수	B	D	차

(a) 블록도

입력			출력	
B_i	X	Y	D	B
0	0	0	0	0
0	0	1	1	1
0	1	0	1	0
0	1	1	0	0
1	0	0	1	1
1	0	1	0	1
1	1	0	0	0
1	1	1	1	1

(b) 진리표

▍그림 6-8▍ 전감산기

$$D = \overline{X}Y\overline{B_i} + X\overline{Y}\overline{B_i} + \overline{X}\overline{Y}B_i + XYB_i$$

$$C = \overline{X}\overline{Y}B_i + \overline{X}Y\overline{B_i} + \overline{X}YB_i + XYB_i = \overline{X}Y + \overline{X}B_i + B_iY$$

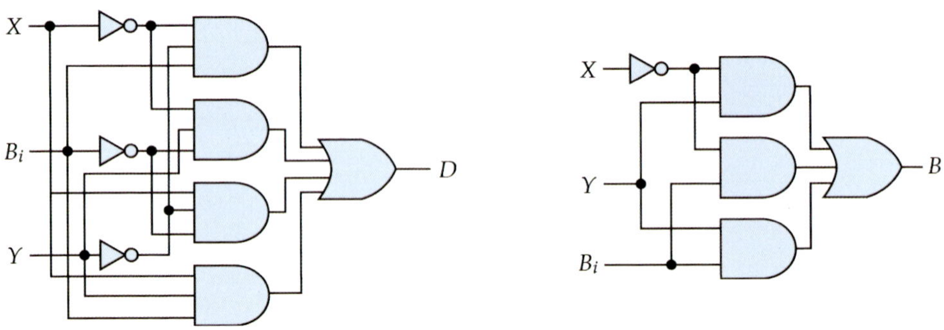

(a) 전감산기 차(D) 회로 (b) 전감산기 빌림(B) 회로

▍그림 6-9▍ 전감산기 회로도

반감산기를 이용하여 전감산기를 실현할 수 있는데 전감산기의 논리식을 다음과 같이 쓸 수 있다.

$$S = \overline{X}Y\overline{B_i} + X\overline{Y}\overline{B_i} + \overline{X}\overline{Y}B_i + XYB_i = (\overline{X}Y + X\overline{Y})\overline{B_i} + (\overline{X}\overline{Y} + XY)B_i$$

$$= (\overline{X \oplus Y})B_i + (X \oplus Y)\overline{B_i} = X \oplus Y \oplus B_i$$

$$C=\overline{X}\,\overline{Y}B_i+\overline{X}Y\overline{B_i}+\overline{X}YB_i+XYB_i=(\overline{X}\,\overline{Y}+XY)B_i+\overline{X}Y(\overline{B_i}+B_i)$$

$$=\overline{(X\oplus Y)}B_i+\overline{X}Y$$

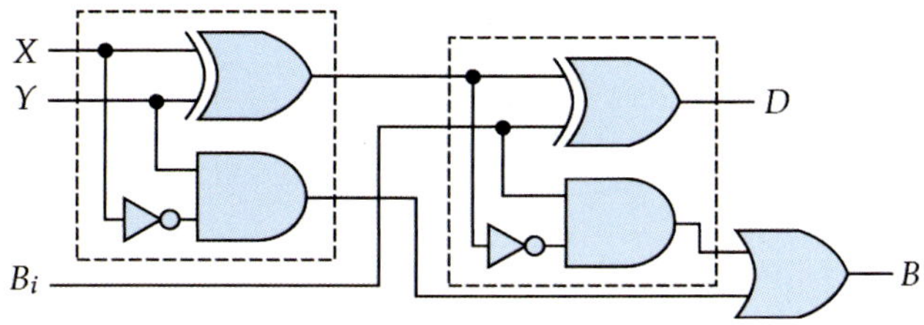

▌그림 6-10▐ 반감산기를 이용한 전감산기 회로도

5. 2진수의 가산과 2의 보수를 이용한 감산

(1) 덧셈

```
   1011
 + 0101
 ------
  10000
    ↑
만일 4bit 가산을
행하는 경우는?

Overflow
```

(2) 뺄셈

```
   0101
 - 0111
 ------
    ↓
   0101
 + 1001
 ------
 X 1110
    ↓
No carry시 - 붙이고 다시 2's
complement를 취한다.
```

```
   0111
 - 0101
 ------
    ↓
   0111
 + 1011
 ------
 1 0010
    ↓
Carry는 버린다.
+0010
```

3 실험 부품

번호	재 료 명	규 격	단 위	수 량
1	IC	74LS04 또는 대치부품	개	1
2	IC	74LS08 또는 대치부품	개	1
3	IC	74LS32 또는 대치부품	개	1
4	IC	74LS86 또는 대치부품	개	1

4 실험

(1) 그림 6-11의 회로에서 S, C의 논리식을 쓰고, 입력에 대하여 출력을 예측하여 표 6-1에 기록하라. 또한 회로를 구성하여 실험 결과를 표 6-2에 기록하라.

논리식 $S=$ ________________ $C=$ ________________

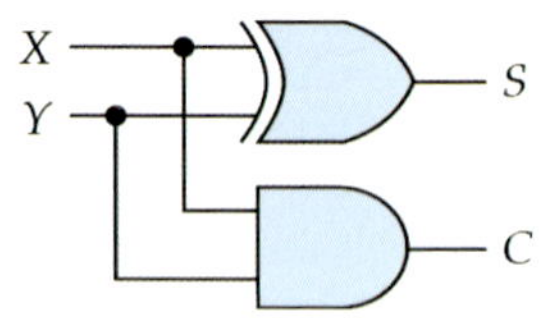

▎그림 6-11 ▎

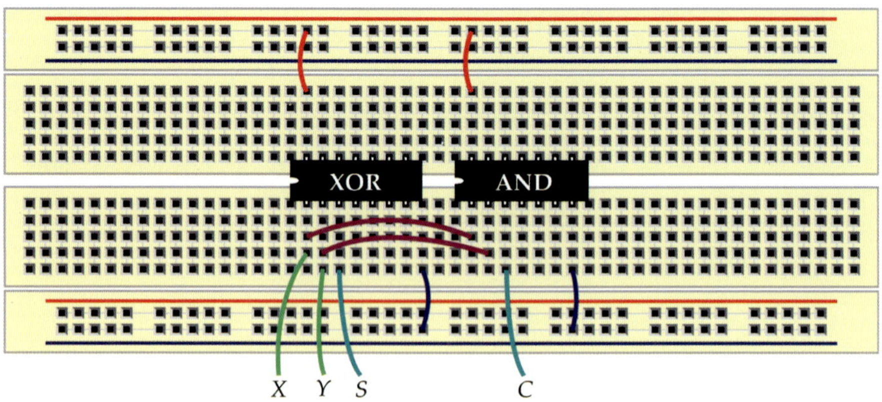

▼ 표 6-1.

입력		출력	
X	Y	S	C
0	0		
0	1		
1	0		
1	1		

▼ 표 6-2.

입력		출력	
X	Y	S	C
L	L		
L	H		
H	L		
H	H		

(2) 그림 6-12의 회로에서 S, C_{n+1}의 논리식을 쓰고, 입력에 대하여 출력을 예측하여 표

6-3에 기록하라. 또한 회로를 구성하여 실험 결과를 표 6-4에 기록하라.

논리식 $S =$ ____________ $C_{n+1} =$ ____________

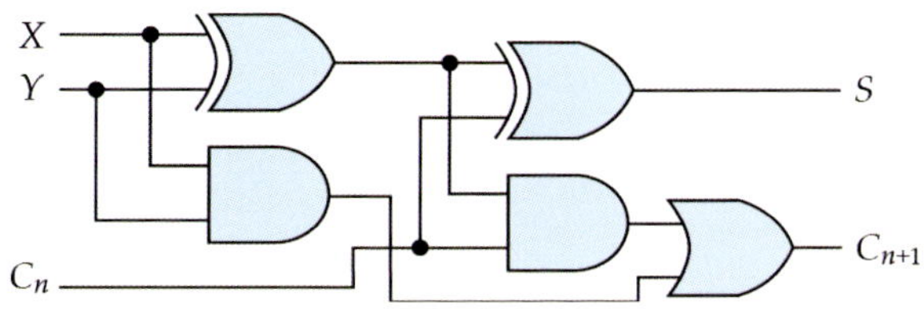

❙ 그림 6-12 ❙

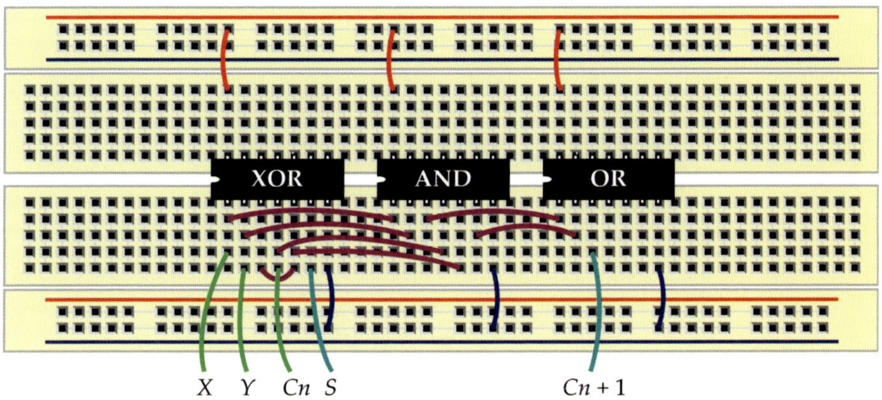

▼ 표 6-3.

입력			출력	
X	Y	C_n	S	C_{n+1}
0	0	0		
0	0	1		
0	1	0		
0	1	1		
1	0	0		
1	0	1		
1	1	0		
1	1	1		

▼ 표 6-4.

입력			출력	
X	Y	C_n	S	C_{n+1}
L	L	L		
L	L	H		
L	H	L		
L	H	H		
H	L	L		
H	L	H		
H	H	L		
H	H	H		

(3) 그림 6-13의 회로에서 D, B의 논리식을 쓰고, 입력에 대하여 출력을 예측하여 표 6-5에 기록하라. 또한 회로를 구성하여 실험 결과를 표 6-6에 기록하라.

논리식 $D=$________________ $B=$________________

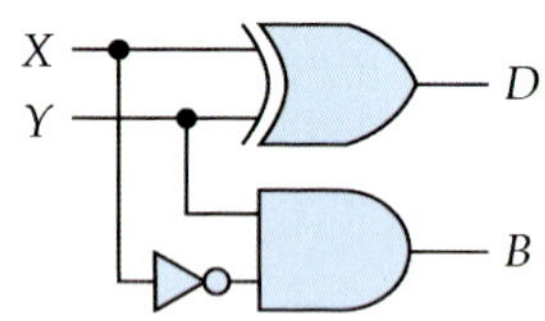

▎그림 6-13 ▎

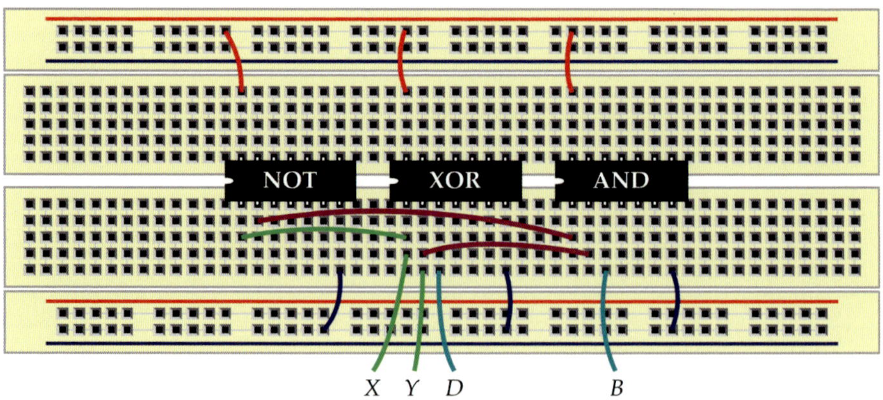

▼ 표 6-5.

입력		출력	
X	Y	D	B
0	0		
0	1		
1	0		
1	1		

▼ 표 6-6.

입력		출력	
X	Y	D	B
L	L		
L	H		
H	L		
H	H		

(4) 그림 6-14의 회로에서 D, B_{n+1}의 논리식을 쓰고, 입력에 대하여 출력을 예측하여 표 6-7에 기록하라. 또한 회로를 구성하여 실험 결과를 표 6-8에 기록하라.

논리식 $D =$ ____________________ $B_{n+1} =$ ____________________

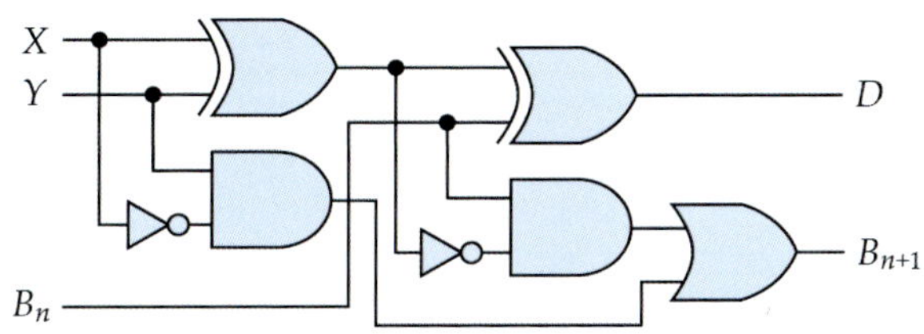

▌그림 6-14▐

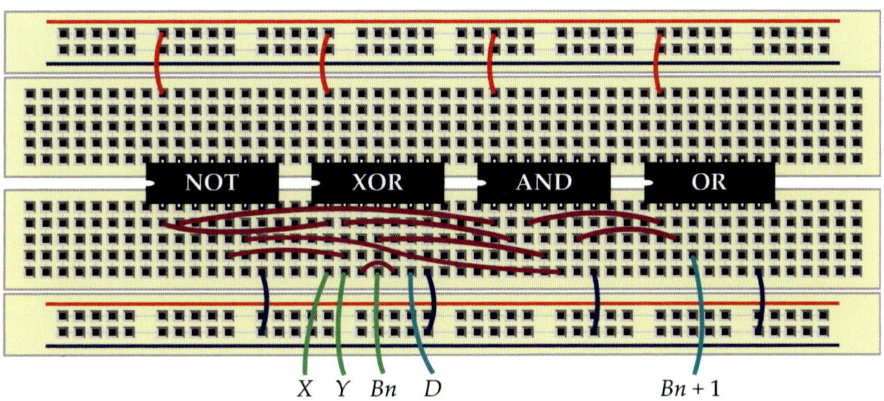

▼ 표 6-7.

입력			출력	
X	Y	B_n	D	B_{n+1}
0	0	0		
0	0	1		
0	1	0		
0	1	1		
1	0	0		
1	0	1		
1	1	0		
1	1	1		

▼ 표 6-8.

입력			출력	
X	Y	B_n	D	B_{n+1}
L	L	L		
L	L	H		
L	H	L		
L	H	H		
H	L	L		
H	L	H		
H	H	L		
H	H	H		

5 실험 결과 검토 및 고찰

(1) 실험 결과로부터 반가산기에 대하여 설명하라.

(2) 실험 결과로부터 전가산기에 대하여 설명하라.

(3) 실험 결과를 이용하여 반감산기에 대하여 설명하라.

(4) 실험 결과를 이용하여 전감산기에 대하여 설명하라.

(5) 가산기와 감산기의 차이점에 대하여 설명하라.

실험 07 병렬 가감산기

1 실험 목적

이 실험의 목적은 보수를 이용한 가감산기의 구성 및 동작 특성을 이해하고, 몇 비트의 데이터를 가산 및 감산하는 실험을 통해 가감산기의 기능을 검증하는데 있다.

2 관련이론

1. 병렬 가감산기

4비트 2진 가산 IC인 7483을 이용하여 4비트 연산을 할 수 있으며, 8비트나 그이상의 비트를 연산하는 경우는 IC를 병렬로 연결하여 사용하면 된다.

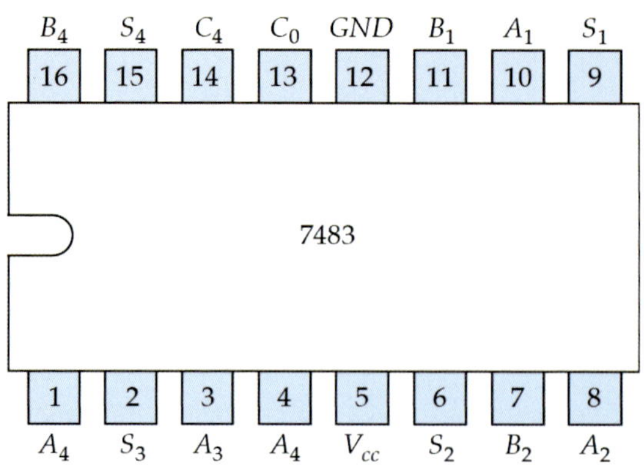

▎그림 7-1▎ 4비트 2진 가산기

3 실험 부품

번호	재 료 명	규　　격	단 위	수 량
1	IC	74LS83 또는 대치부품	개	1
2	IC	74LS86 또는 대치부품	개	1
3	LED	녹색 또는 적색	개	5
4	저항	300Ω	개	5

4 실험

(1) 그림 7-1의 7483 IC를 사용한 4비트 2진 병렬 가감산회로에서 입력에 대하여 출력을 예측하여 표 7-1에 기록하라. (표 7-1에서 MODE가 0일 때 가산기, 1일 때 감산기로 동작한다. 감산의 경우 출력 값은 2의 보수를 이용한 감산으로 계산한다. 즉, X값에 Y값의 2의 보수를 취한 값을 더한 결과이다.)

▼ 표 7-1.

입력			출력	
MODE	X_4 X_3 X_2 X_1	Y_4 Y_3 Y_2 Y_1	C_4 또는 B_4	S_4 S_3 S_2 S_1
0	0 0 1 1	0 0 1 0		
0	0 1 1 1	1 0 0 1		
0	1 0 0 1	1 0 0 0		
0	0 1 0 0	0 0 1 0		
0	1 0 1 1	0 1 1 1		
1	1 0 1 0	1 1 0 1		
1	0 1 1 1	1 0 1 0		
1	0 0 1 1	0 0 1 0		
1	0 1 1 1	1 0 0 1		
1	0 1 0 0	0 0 1 0		

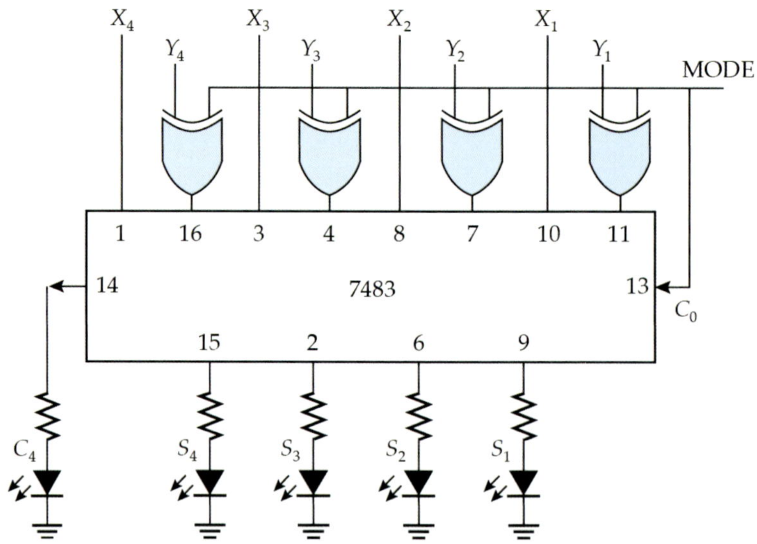

❙ 그림 7-2 ❙ 4비트 2진 병렬 가감산회로

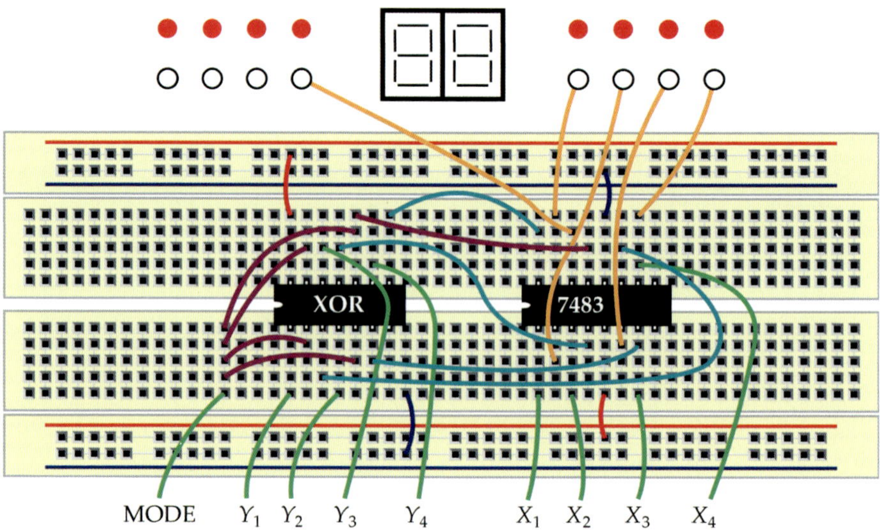

(2) 그림 7-2의 4비트 2진 병렬 가감산회로를 구성하고, 표 7-2의 입력에 대하여 출력의 결과를 LED의 ON, OFF로 기록하라.

▼ 표 7-2.

입력			출력	
MODE	X_4 X_3 X_2 X_1	Y_4 Y_3 Y_2 Y_1	C_4 또는 B_4	S_4 S_3 S_2 S_1
L	L L H H	L L H L		
L	L H H H	H L L H		
L	H L L H	H L L L		
L	L H L L	L L H L		
L	H L H H	L H H H		
H	H L H L	H H L H		
H	L H H H	H L H L		
H	L L H H	L L H L		
H	L H H H	H L L H		
H	L H L L	L L H L		

5 실험 결과 검토 및 고찰

(1) 실험 결과로부터 가산기능과 감산기능에 대하여 설명하라.

(2) 8비트 가산 연산을 수행하기 위하여 7483 IC를 어떤 구조로 연결해야 되는지 설명하라.

(3) 가산기를 이용한 감산에 대하여 설명하라.

(4) 실험(1)의 6번째 계산에서 S4S3S2S1이 01101인 경우 2의 보수를 이용한 감산을 고려하면 실제 연산 값은 어떻게 되는가?

실험 08

인코더와 디코더

1 실험 목적

이 실험의 목적은 인코더와 디코더의 구성 및 동작 특성을 이해하고 실험을 통해 검증하는데 있다.

2 관련이론

1. 인코더(encoder)

인코더는 최대 $2n$개의 서로 다른 입력 신호 중 한 개의 신호가 1(High)이 되면, 이에 대응하는 n비트 데이터가 출력되는 조합논리회로를 말한다. 예를 들면 10진수에서 BCD코드로 변환한다하면 10진-BCD코드 인코더는 10개의 각각 숫자에 대하여 하나의 입력이 필요하므로 10개의 입력이 있어야 하며, 그에 대응하는 BCD코드를 산출하기 위해서는 4비트가 필요하므로 4개의 출력이 있어야 한다.

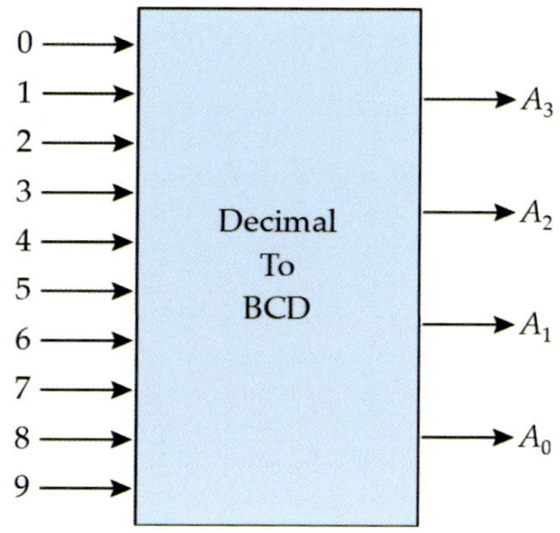

(a) 블록도

입력	출력(BCD코드)			
10진 숫자	8	4	2	1
	A_3	A_2	A_1	A_0
0	0	0	0	0
1	0	0	0	1
2	0	0	1	0
3	0	0	1	1
4	0	1	0	0
5	0	1	0	1
6	0	1	1	0
7	0	1	1	1
8	1	0	0	0
9	1	0	0	1

(b) 진리표

▎그림 8-1 ▎ 10진-BCD 인코더

이 인코더는 10진 숫자에 대응하는 BCD코드가 출력되도록 하기위해서는 입력의 각 숫자들이 OR게이트에 적절히 연결되도록 구성하면 인코더 조합회로가 된다. 아래 그림에서처럼 인코더 블록도를 그릴 수 있고, 진리표를 작성할 수 있으며 이 진리표로부터 출력이 1(High)인 곳에 입력을 OR게이트로 연결하면 10진/BCD 인코더가 완성된다.

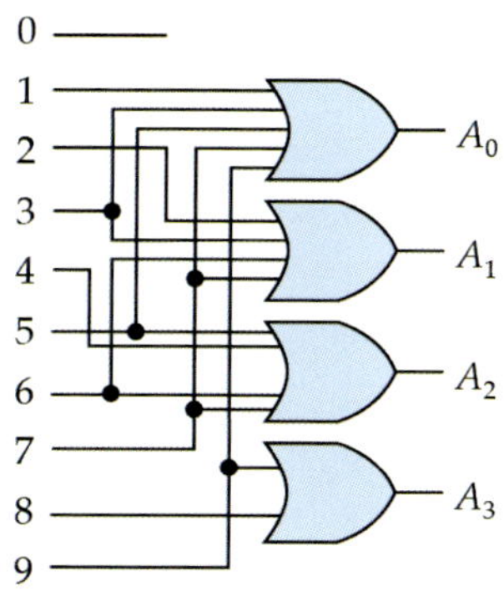

▎그림 8-2 ▎ 10진-BCD 인코더 회로도

2. 디코더(decoder)

디지털시스템에서 2진으로 표현된 n비트 2진 코드는 $2n$개의 서로 다른 정보를 표현할 수 있다. 인코더는 $2n$개의 입력에 n비트 2진 코드가 출력되는 조합논리회로인 반면 디코더는 입력에 n비트의 2진 코드를 최대 $2n$개의 서로 다른 정보로 바꾸어 주는 조합회로이다. 다시 말해서 디코더는 n비트 데이터가 입력되면, $2n$개의 출력 중 한 개의 출력이 1(High)이 되는 조합논리회로를 말한다. 만약 n비트 2진 코드에서 디코드된 $2n$개의 정보를 모두 사용하지 않거나 Don't care 조합을 갖는 다면 출력은 $2n$개보다 적게 된다.

3. BCD-10진 디코더

BCD코드를 10진수로 변환하는 경우 BCD-10진 디코더의 정보는 BCD코드로 표현된 10개의 10진 숫자이다. BCD코드는 4비트를 가지므로 입력은 4개이며 10진수의 각각의 숫자에 1개의 출력선이 필요하므로 전체 출력선의 수는 10개가 되어야 한다. 이들 출력 중에서 입력비트에 대응하는 1개의 출력만이 1이 출력되고 나머지는 0이 된다. 예를 들어 입력 $A_3A_2A_1A_0$ = 0101이면 출력 5는 1(High) 상태가 되고 나머지 출력은 0(Low) 상태가 된다.

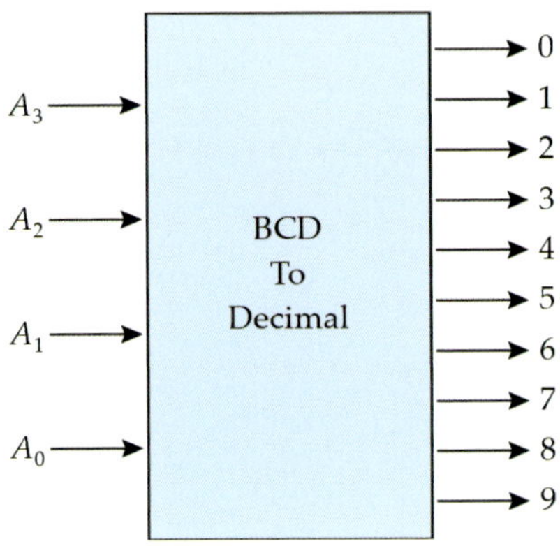

(a) 블록도

입력(BCD코드)				출력
A_3	A_2	A_1	A_0	10진 숫자
0	0	0	0	0
0	0	0	1	1
0	0	1	0	2
0	0	1	1	3
0	1	0	0	4
0	1	0	1	5
0	1	1	0	6
0	1	1	1	7
1	0	0	0	8
1	0	0	1	9

(b) 진리표

Ⅰ그림 8-3Ⅰ BCD-10진 디코더

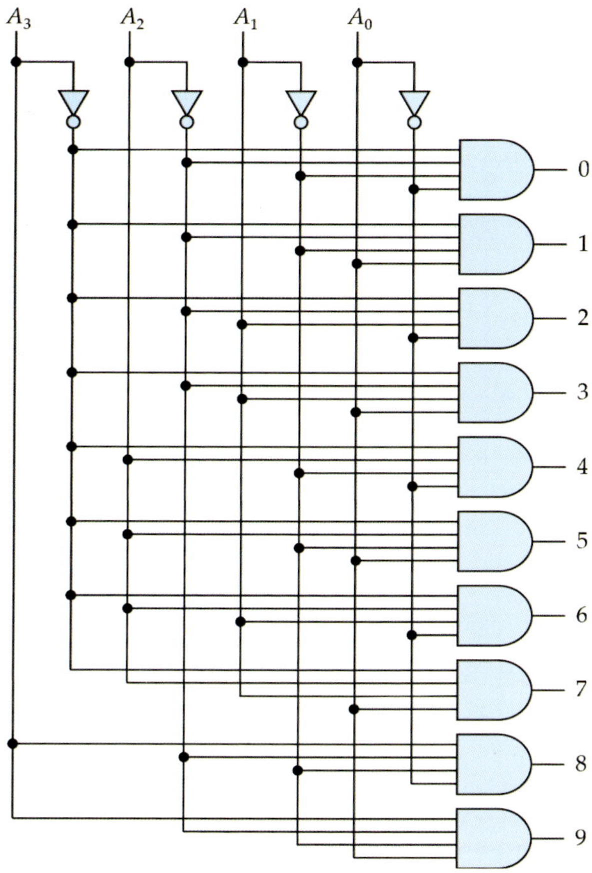

▌그림 8-4▐ BCD-10진 디코더 회로도

4. BCD-7세그먼트 디코더

숫자를 표시하는 장치들 중에서 가장 많이 사용하는 것이 7세그먼트(segment) 이다. BCD 코드로부터 10진수 숫자들을 숫자 모양대로 출력하는 7세그먼트는 세그먼트들(a, b, c, d, e, f, g)인 7개의 LED로 구성되어 있어 7세그먼트라고 부른다. LED는 공통 애노드형(common anode, A)과 공통 캐소드형(common cathode, K)이 있는데 단자가 회로에서 애노드나 캐소드들을 함께 묶는 공통 방식으로 설계되어 있다. 각 단지에는 전류를 제한하기 위하여 직렬로 저항들이 연결되고, 신호 입력이 0V 또는 5V가 입력되어 7세그먼트의 각 LED를 동작시켜서 원하는 숫자를 만든다. 물론 스위치가 닫혀야 신호 입력에 따라 저항을 통하여 전류가 7세그먼트로 전달된다. 그리고 점(h)을 나타내는 세그먼트가 하나 더 있다.

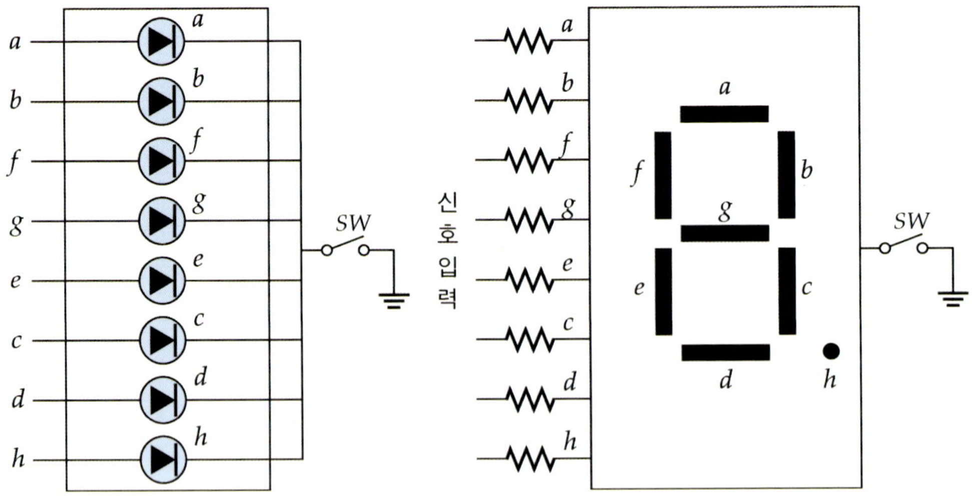

▌그림 8-5▐ 7세그먼트(segment) 회로도

BCD 코드를 입력받아 7세그먼트에서 필요한 7개의 신호(a, b, c, d, e, f, g)를 출력하는 BCD-7세그먼트 디코더에서 BCD는 0에서 9까지 10진수 숫자를 나타내고 7세그먼트는 10진수 숫자를 표시하면 된다. 7개의 세그먼트로 10진수의 숫자를 다음 그림과 같이 표시할 수 있다.

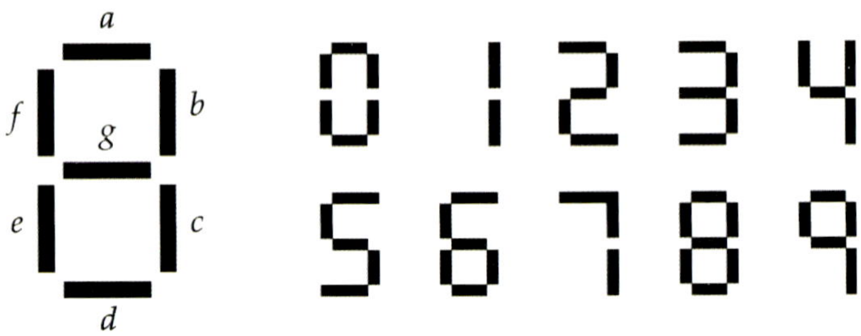

▌그림 8-6▐ 7세그먼트(segment)를 사용한 숫자표시

숫자 0을 표현하기 위해서는 7개의 신호들 중에서 6개의 신호(a, b, c, d, e, f)들에 1(High)상태를 공급하여 해당되는 LED를 동작시키고, 나머지 1개의 신호(g)는 0(Low)상태로 하여 LED를 동작시키지 않는다. 숫자 1은 2개의 신호들(b, c)만 1상태를 공급하여 해당되는 LED를 동작시키고 나머지 5개의 신호들(a, d, e, f, g)은 0상태로 하여 LED가 동작 안 되도록 한다. BCD-7세그먼트 디코더의 블록도와 진리표는 아래 그림과 같다.

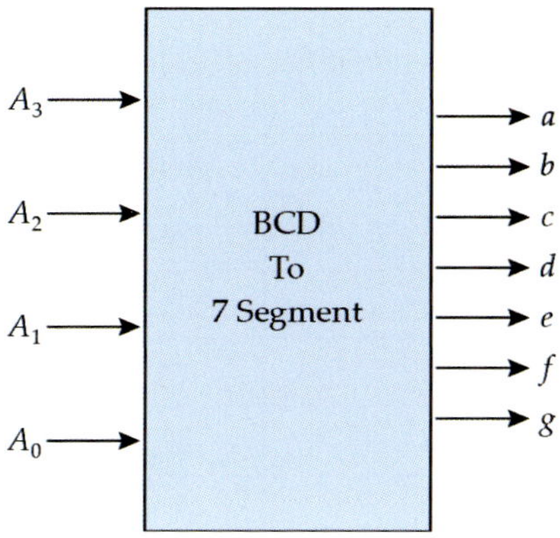

(a) 블록도

10진수	BCD $A_3 A_2 A_1 A_0$	7 segment a b c d e f g
0	0 0 0 0	1 1 1 1 1 1 0
1	0 0 0 1	0 1 1 0 0 0 0
2	0 0 1 0	1 1 0 1 1 0 1
3	0 0 1 1	1 1 1 1 0 0 1
4	0 1 0 0	0 1 1 0 0 1 1
5	0 1 0 1	1 0 1 1 0 1 1
6	0 1 1 0	1 0 1 1 1 1 1
7	0 1 1 1	1 1 1 0 0 0 0
8	1 0 0 0	1 1 1 1 1 1 1
9	1 0 0 1	1 1 1 0 0 1 1

(b) 진리표

| 그림 8-7 | BCD-7세그먼트 디코더

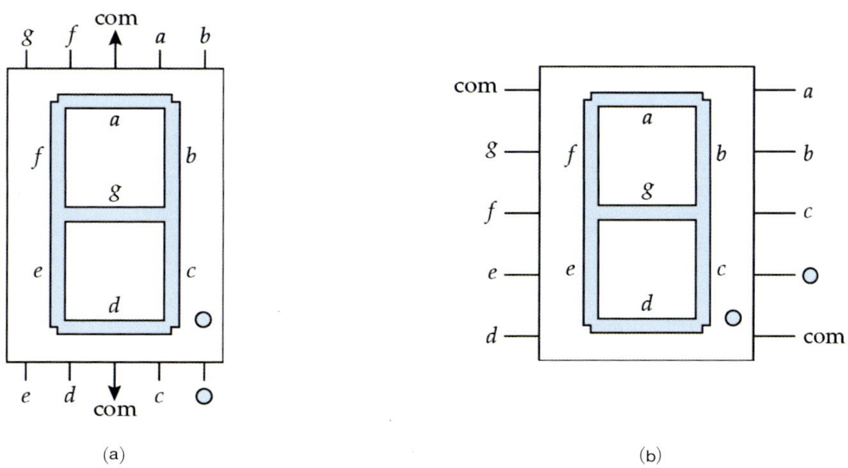

| 그림 8-8 | 7세그먼트의 핀 배치도

3 실험 부품

번호	재 료 명	규　격	단 위	수 량
1	IC	74LS47 또는 대치부품	개	1
2	IC	74LS145 또는 대치부품	개	1
3	IC	74LS147 또는 대치부품	개	1
4	7-segment	FND507	개	1
5	저항	300Ω		7

4 실험 A_3

(1) 그림 8-9의 10×4 인코더 회로에서 A_3, A_2, A_1, A_0의 논리식을 쓰고, 입력에 대하여 출력을 예측하여 표 8-1에 기록하라. 또한 그림 8-10의 74147(10×4 인코더 IC)를 이용하여 회로를 구성하고 실험 결과를 표 8-2에 기록하라.

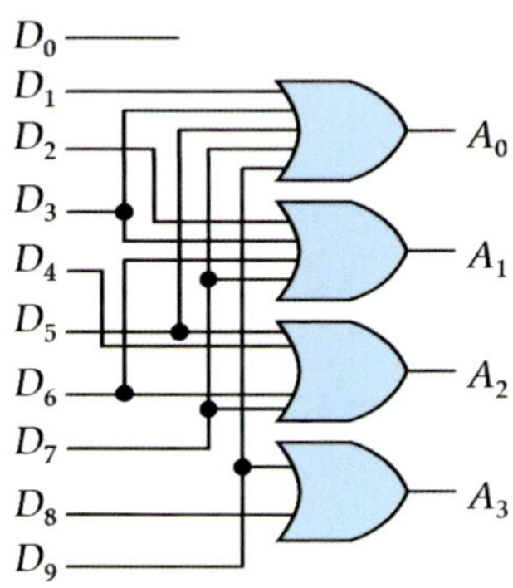

❙ 그림 8-9 ❙

A_3 = ______________________

A_2 = ______________________

$A_1 =$ ______________________

$A_0 =$ ______________________

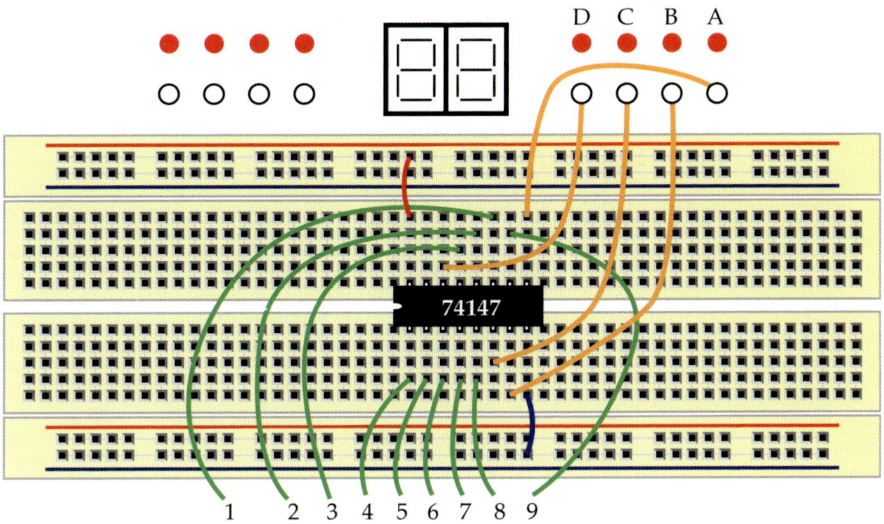

▼ 표 8-1.

입력										출력			
D_9	D_8	D_7	D_6	D_5	D_4	D_3	D_2	D_1	D_0	A_3	A_2	A_1	A_0
0	0	0	0	0	0	0	0	0	1				
0	0	0	0	0	0	0	0	1	0				
0	0	0	0	0	0	0	1	0	0				
0	0	0	0	0	0	1	0	0	0				
0	0	0	0	0	1	0	0	0	0				
0	0	0	0	1	0	0	0	0	0				
0	0	0	1	0	0	0	0	0	0				
0	0	1	0	0	0	0	0	0	0				
0	1	0	0	0	0	0	0	0	0				
1	0	0	0	0	0	0	0	0	0				

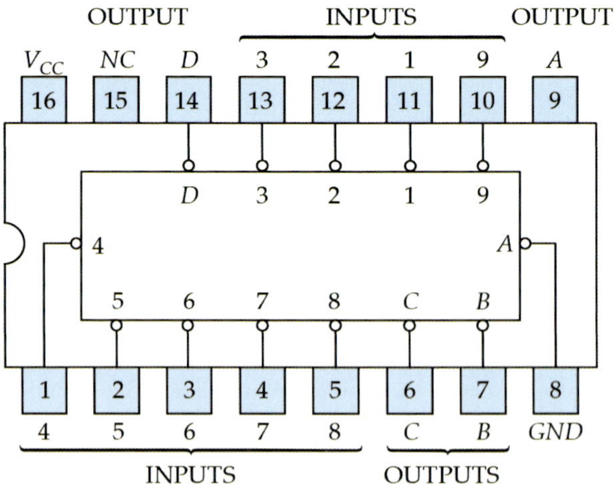

| 그림 8-10 | 74LS147 10×4 인코더 (1~9는 10진 입력, A~D는 BCD 출력)

▼ 표 8-2.

입력(10진수)									출력(BCD)			
9	8	7	6	5	4	3	2	1	*D*	*C*	*B*	*A*
H	H	H	H	H	H	H	H	H				
H	H	H	H	H	H	H	H	L				
H	H	H	H	H	H	H	L	H				
H	H	H	H	H	H	L	H	H				
H	H	H	H	H	L	H	H	H				
H	H	H	H	L	H	H	H	H				
H	H	H	L	H	H	H	H	H				
H	H	L	H	H	H	H	H	H				
H	L	H	H	H	H	H	H	H				
L	H	H	H	H	H	H	H	H				

(2) 그림 8-11의 4×10 디코더 회로에서 D_9, D_8, D_7, D_6, D_5, D_4, D_3, D_2, D_1, D_0의 논리식을 쓰고, 입력에 대하여 출력을 예측하여 표 8-3에 기록하라. 또한 그림 8-12의 74145 (4×10 디코더 IC)를 이용하여 회로를 구성하고 출력 결과를 표 8-4에 기록하라.

D_0 = ____________ D_1 = ____________ D_2 = ____________

D_3 = ____________ D_4 = ____________ D_5 = ____________

D_6 = ____________ D_7 = ____________ D_8 = ____________

D_9 = ____________

▼ 표 8-3.

입력				출력									
A_3	A_2	A_1	A_0	D_9	D_8	D_7	D_6	D_5	D_4	D_3	D_2	D_1	D_0
0	0	0	0										
0	0	0	1										
0	0	1	0										
0	0	1	1										
0	1	0	0										
0	1	0	1										
0	1	1	0										
0	1	1	1										
1	0	0	0										
1	0	0	1										

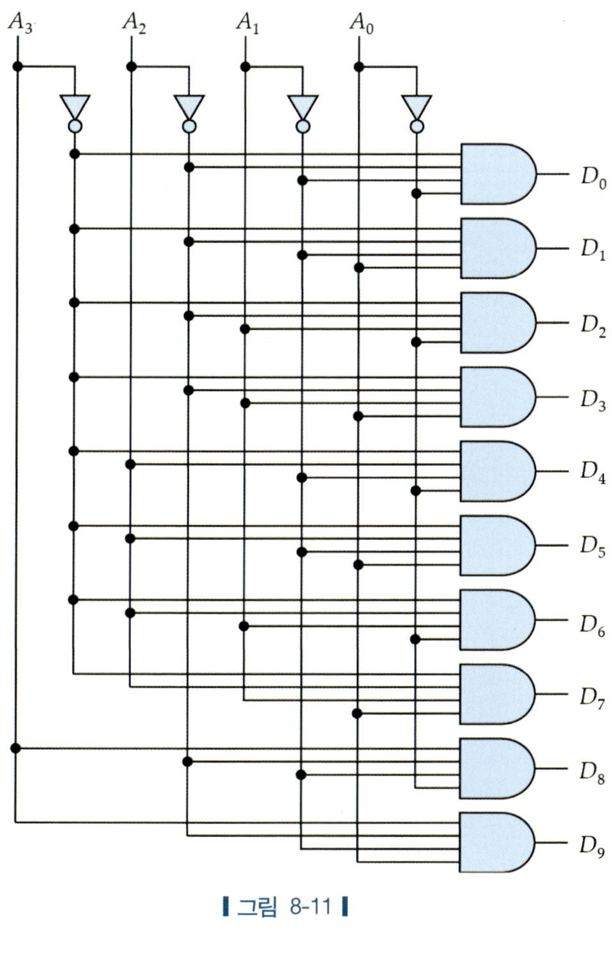

❙ 그림 8-11 ❙

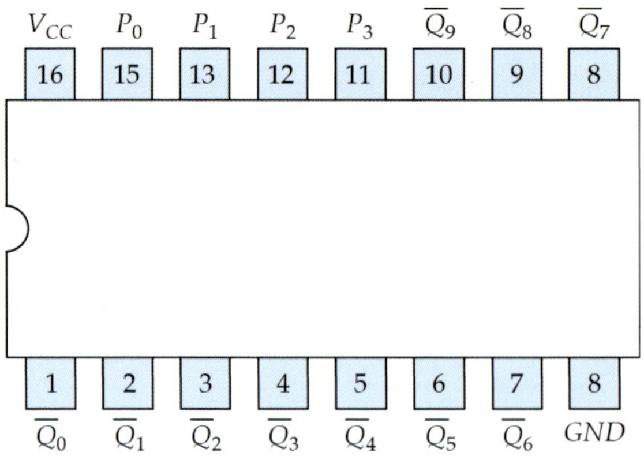

| 그림 8-12 | 74LS145 4×10 디코더, P_0~P_3는 BCD 입력, Q_0~Q_9은 출력

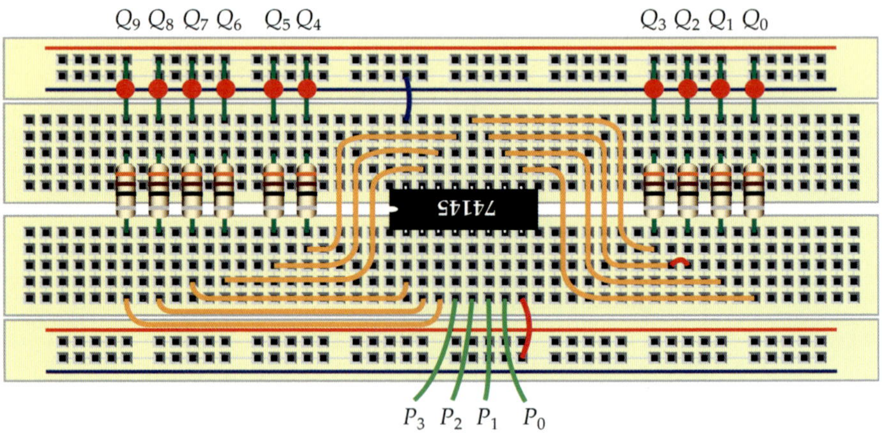

▼ 표 8-4.

입력(BCD)				출력(10진 수)									
P_3	P_2	P_1	P_0	Q_9	Q_8	Q_7	Q_6	Q_5	Q_4	Q_3	Q_2	Q_1	Q_0
L	L	L	L										
L	L	L	H										
L	L	H	L										
L	L	H	H										
L	H	L	L										
L	H	L	H										
L	H	H	L										
L	H	H	H										
H	L	L	L										
H	L	L	H										

(3) 그림 8-13의 회로를 구성하고 입력 A, B, C, D에 따른 결과를 표 8-5에 기록하라.

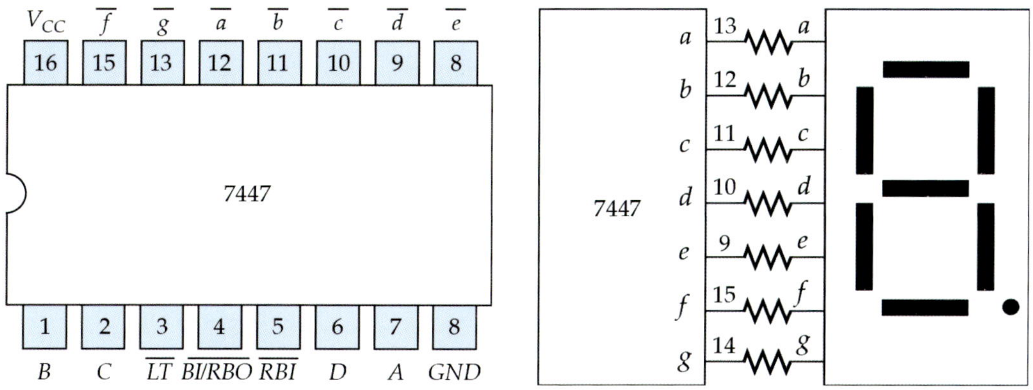

| 그림 8-13 | 7세그먼트 디코더와 7세그먼트

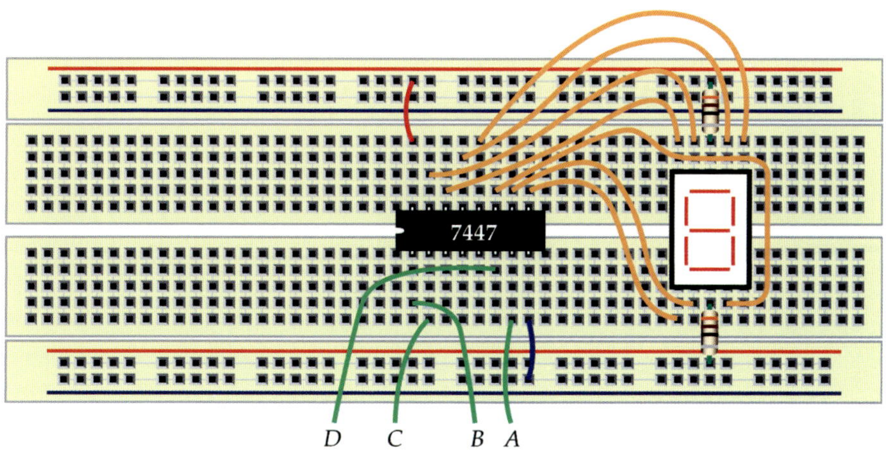

▼ 표 8-5.

입력				출력							7세그먼트
D	*C*	*B*	*A*	a	b	c	d	e	f	g	10진수
L	L	L	L								
L	L	L	H								
L	L	H	L								
L	L	H	H								
L	H	L	L								
L	H	L	H								
L	H	H	L								
L	H	H	H								
H	L	L	L								
H	L	L	H								

5 실험 결과 검토 및 고찰

(1) 실험의 결과를 활용하여 인코더에 대하여 설명하라.

(2) 실험의 결과를 활용하여 디코더에 대하여 설명하라.

(3) 실험의 결과를 활용하여 7447의 기능에 대하여 설명하라.

(4) 7-세그먼트의 활용에 대하여 설명하라.

실험 09

멀티플렉서와 디멀티플렉서

1 실험 목적

이 실험의 목적은 멀티플렉서와 디멀티플렉서의 구성 및 동작 특성을 이해하고 실험을 통해 검증하는데 있다.

2 관련이론

1. 멀티플렉서(multiplexer)

멀티플렉서는 여러 개의 데이터 입력(채널)과 선택 입력, 그리고 하나의 출력을 갖는 조합회로로 여러 개의 데이터 입력중 하나를 선택하여 출력선에 연결하는 데이터 선택기(data selector) 기능을 가진다. 데이터 입력의 선택은 선택선의 입력 값에 따라 정해지며, 선택된 입력선은 출력선과 연결되어 입력데이터가 전송되게 된다. 일반적으로 $2n$개의 입력선과 n개의 선택선으로 구성되며, n개의 선택선의 비트조합에 따라 입력중 하나가 선택된다. 4×1 멀티플렉서를 예를 들면 데이터 입력선은 4개이고 출력선이 1개이며 입력선 4개중 1개를 선택하기 위한 선택선 2개가 필요하다.

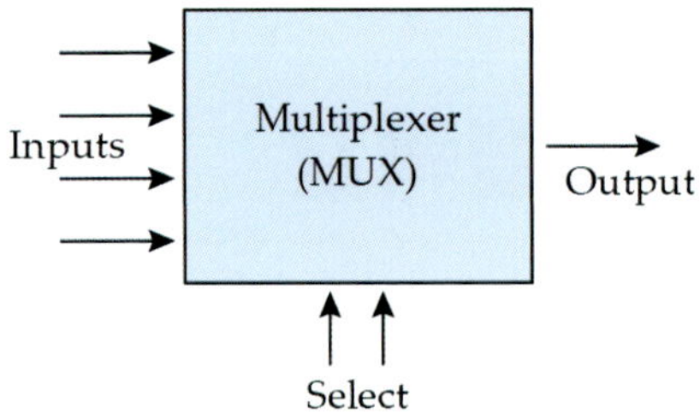

(a) MUX 블록도

입력선택	출력
S_1 S_0	선택된 입력
0 0	D_0
0 1	D_1
1 0	D_2
1 1	D_3

(b) 4×1 MUX 진리표

▍그림 9-1▍ 4×1 멀티플렉서

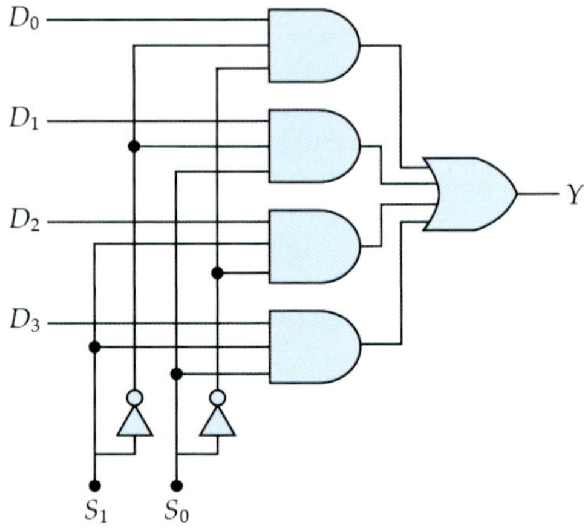

▍그림 9-2▍ 4×1 멀티플렉서 회로도

2. 디멀티플렉서(demultiplexer)

디멀티플렉서(demultiplexer, DEMUX)는 디코더와 유사하고 멀티플렉서와는 반대로 하나의 데이터 입력과 여러 개의 출력선이 있고, 선택 입력(select input)들의 값에 따라 출력선 중 하나의 선에 데이터 입력이 연결되어 데이터 분배회로라고도 불리며, 선택이 n비트(n개)이면 출력은 $2n$개 중에서 선택할 수 있다. 그림 9-3(a)는 1×4 디멀티플렉서로 데이터가 선택 S_0, S_1의 값에 따라 출력과 연결된다. 예를 들어 선택 입력이 $S_0S_1 = 10$이면 입력 데이터는 출력선 Y_2에 연결되어 입력 데이터가 Y_2로만 전송된다.

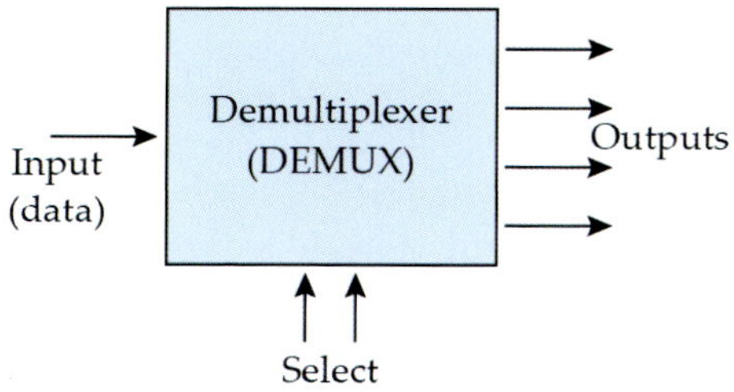

(a) 디멀티플렉서 블록도

선 택	출 력
S_1 S_0	선택된 출력
0 0	Y_0
0 1	Y_1
1 0	Y_2
1 1	Y_3

(b) 1×4 디멀티플렉서 진리표

❙그림 9-3❙ 1×4 멀티플렉서

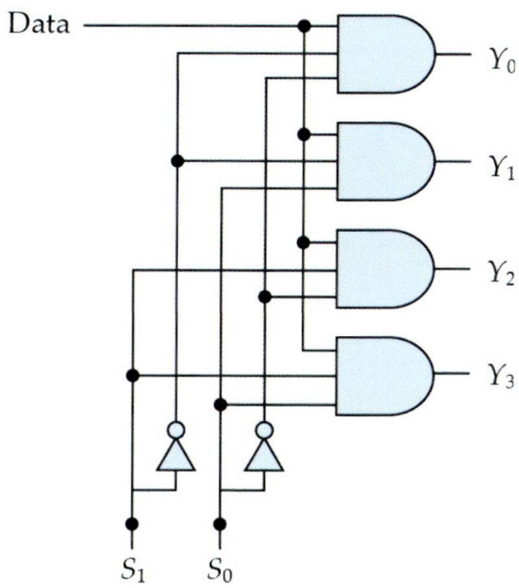

❙그림 9-4❙ 1×4 디멀티플렉서 회로도

3 실험 부품

번호	재 료 명	규 격	단 위	수 량
1	IC	74LS04 또는 대치부품	개	1
2	IC	74LS11 또는 대치부품	개	2
3	IC	74LS327 또는 대치부품	개	1

4 실험

(1) 그림 9-6의 4×1 멀티플렉서 회로에서 선택 S_0, S_1에 대하여 출력을 예측하여 표 9-1에 기록하라. 또한 회로를 구성하고 D_0에 0V, D_1에 5V, D_2에 1Hz, D_3에 10Hz를 입력하여 S_0, S_1에 따라 출력 Y가 어떻게 되는지 실험 결과를 표 9-2에 기록하라.

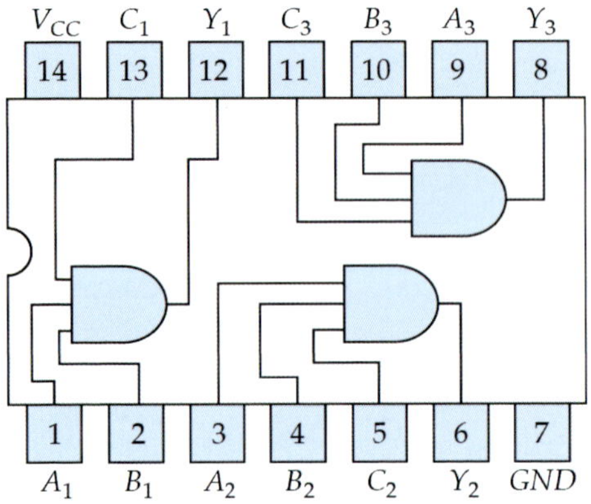

▎그림 9-5▐ 74LS11 구조

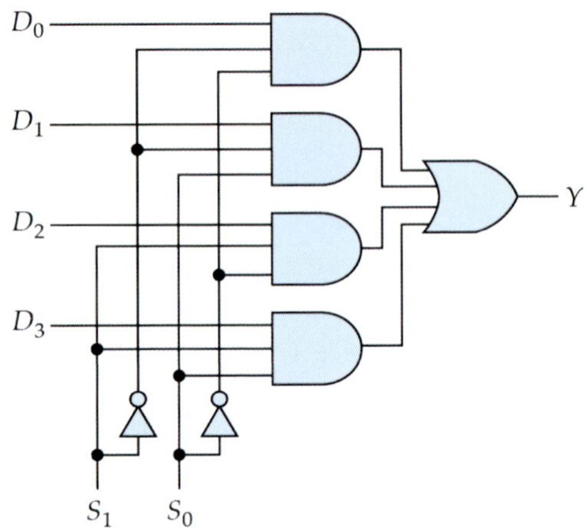

▎그림 9-6▐

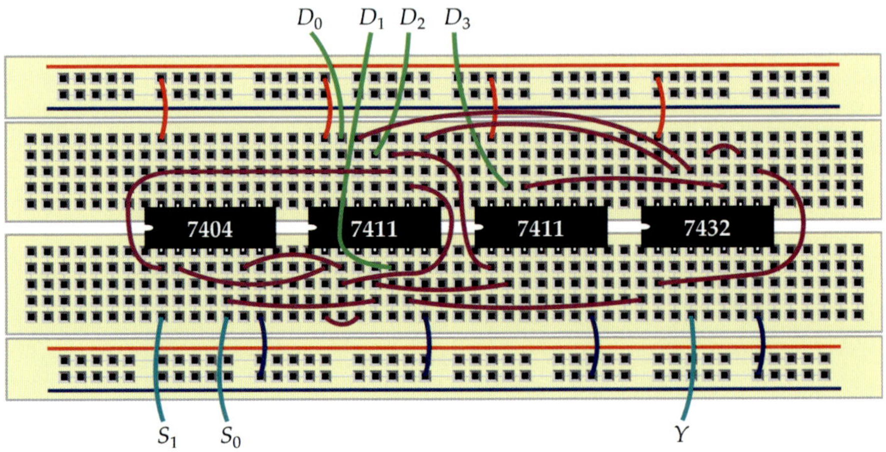

▼ 표 9-1.

입력				선택		출력
D_3	D_2	D_1	D_0	S_1	S_0	Y
1	0	0	0	0	0	
0	0	1	0	0	1	
1	1	0	1	1	0	
0	0	1	0	1	1	

▼ 표 9-2.

입력				선택		출력
D_3	D_2	D_1	D_0	S_1	S_0	Y
10Hz	1Hz	5V	0V	L	L	
10Hz	1Hz	5V	0V	L	H	
10Hz	1Hz	5V	0V	H	L	
10Hz	1Hz	5V	0V	H	H	

(2) 그림 9-7의 1×4 디멀티플렉서 회로에서 S_0, S_1 선택에 대하여 출력을 예측하여 표 9-3에 기록하라. 또한 회로를 구성하여 1Hz, TTL레벨 신호를 Data에 입력하고 S_0, S_1 선택에 따라 출력 Y가 어떻게 되는지 실험 결과를 표 9-4에 기록하라.

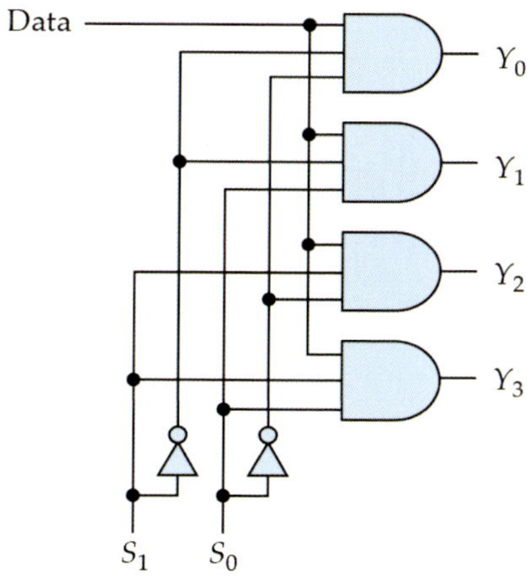

| 그림 9-7 |

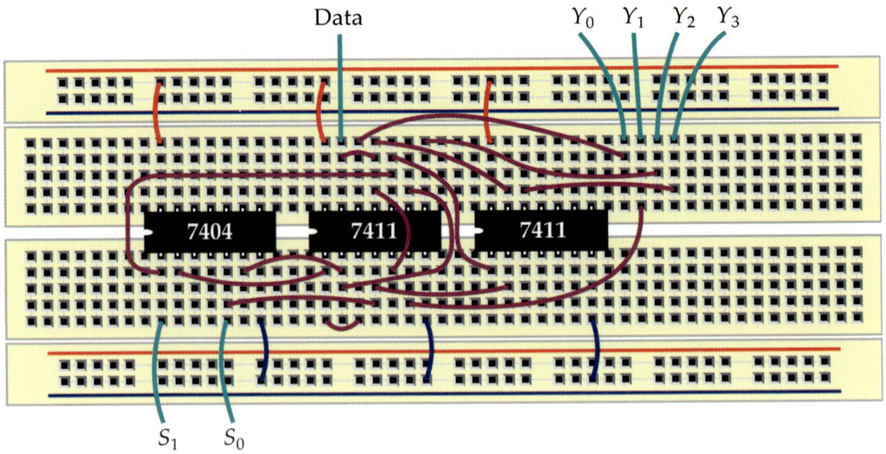

▼ 표 9-3.

입력	선택		출력			
Data	S_1	S_0	Y_3	Y_2	Y_1	Y_0
1	0	0				
1	0	1				
1	1	0				
1	1	1				

▼ 표 9-4.

입력	선택		출력			
Data	S_1	S_0	Y_3	Y_2	Y_1	Y_0
1Hz	L	L				
1Hz	L	H				
1Hz	H	L				
1Hz	H	H				

5 실험 결과 검토 및 고찰

(1) 멀티플렉서의 기능을 실험 결과를 이용하여 설명하라.

(2) 디멀티플렉서의 기능을 실험 결과를 이용하여 설명하라.

(3) 디코더를 이용하여 디멀티플렉서의 기능을 할 수 있다. 어떻게 하면 가능한지 설명하라.

03

순차논리회로편

실험 10 병렬 플립플롭

1 실험 목적

이 실험의 목적은 플립플롭의 동작 원리를 이해하고, JK, D, T플립플롭을 실험을 통해 각각의 기능을 익혀 카운터 및 레지스터 등에 활용할 수 있는 응용 능력을 배운다.

2 관련이론

순서논리회로에서 출력은 클록신호에 동기화하여 바뀐다. 이 같은 메모리 설계를 보통 플립플롭(flip flop; FF)이라 한다. 플립플롭은 입력조건과 클록신호 천이가 변할 때까지 연속적으로 0 또는 1의 출력을 생성함으로써 단일 비트(single bit)를 축적한다. 플립플롭 용어는 출력이 0에서부터 1로 플립(flip) 또는 출력이 1에서 0으로 플롭(flop)하는 플립플롭 동작이 기원이다. 앞의 래치와 마찬가지로 플립플롭 출력은 Q로 주어지고 부출력 Q는 플립플롭의 정상동작에서 Q에 반대되는 논리값으로 표시된다.

조합논리회로에서 게이트들이 기본이듯이 플립플롭은 순서논리회로의 기본 빌딩블록이다. 여러 형태의 게이트들과 마찬가지로 여러 형태의 플립플롭들이 있다. 각 플립플롭은 입력과 출력관계를 설명한 특성표(characteristic table)와 특성방정식(characteristic equation)에 의해서 표현된다. 그리고 출력은 보통 Q만 표시한다.

1. SR 플립플롭

RS 플립플롭은 기본적으로 세트(Set, S)와 리세트(Reset, R)으로 이름 붙여진 두 개의 입력을 가지는 RS 래치의 특성과 동일하다. S 입력이 1일 때 출력을 1로 세트하고, 반면에 R 입력이 1일 때 출력은 0으로 리세트 된다. 동기식 동작은 부가적인 클록 입력을 필요하고 오로지 클록펄스(clock pulse; CP)가 발생한 후에 출력은 입력에 따라 정해진 값을 가진다. 클록펄스가 발생하기 전에는 비록 S와 R 입력이 변하더라도 출력(다음상태) $Q_{(t+1)}$은 현재상태 $Q_{(t)}$를 그대로 유지하여 변하지 않는다.

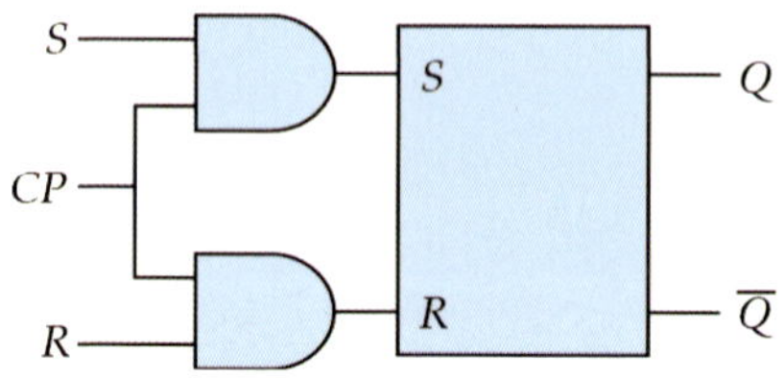

(a) SR래치를 이용한 SR-FF

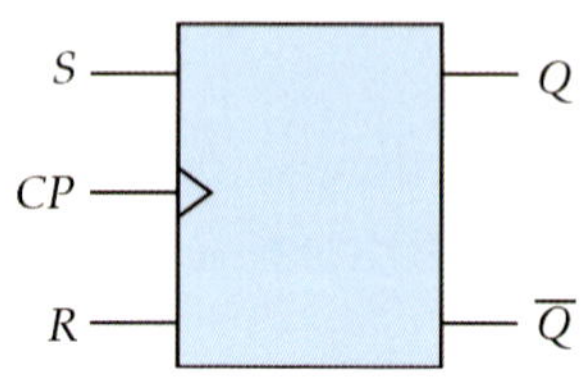

(b) SR-FF 블록도

입 력		출 력
S	R	$Q_{(t+1)}$
0	0	$Q_{(t)}$
0	1	0
1	0	1
1	1	금지

(c) 특성표

그림 10-1 SR 플립플롭

2. D 플립플롭

D 플립플롭은 SR 플립플롭의 입력 S와 R이 반대되게 입력한 것으로 S가 1일 때 R은 0, S가 0일 때 R은 1이 입력되게 한 것으로 D가 0이면 출력도 0, D가 1이면 출력도 1이 되어 데이터(data)를 전송할 수 있다는 의미와 현재상태를 지연(delay)시키는 역할을 한다

는 의미로 D플립플롭이라 한다. 정보를 일시적으로 유지하는 레치회로나 쉬프트 레지스터(Shift Register)등에 사용된다.

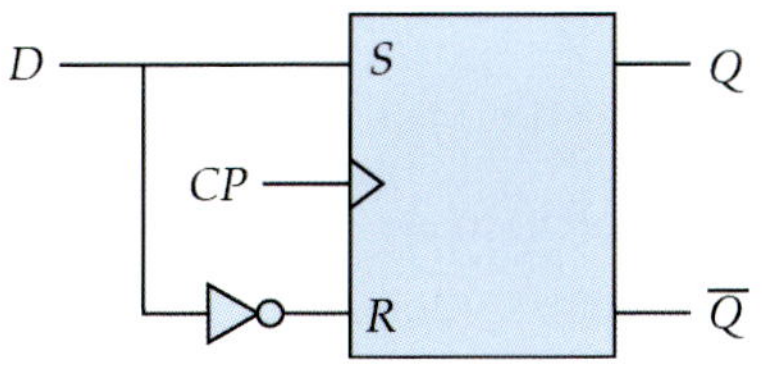

(a) D 플립플롭 블록도

입 력	출 력
D	$Q_{(t+1)}$
0	0
1	1

(b) 특성표

┃그림 10-2┃ SR 플립플롭

3. JK 플립플롭

RS 플립플롭에서 2개의 입력이 동시에 1이 되는 경우에도 불확정한 출력 상태가 되지 않도록 하기 위하여 제안된 플립플롭으로서 J = K = 1인 경우 출력은 반전(Toggle)된다. J = K = 0일 때, 출력은 변하지 않는다. J 입력은 SR 플립플롭의 S 입력과 같다. 즉 J = 1 그리고 K = 0일 때 출력은 1로 세트된다. K 입력은 SR 플립플롭의 R 입력에 상당한다. 즉 K = 1 그리고 J = 0일 때 출력은 0으로 세트된다. J = K = 1인 조건은 출력을 보수로 토글(toggle)시킨다. 즉, 만약 $Q_{(t)} = 0$이면 $Q_{(t+1)} = 1$, $Q_{(t)} = 1$이면 $Q_{(t+1)} = 0$이다. JK 플립플롭에서는 출력측에서 입력측으로 궤환이 있기 때문에 클록 레벨 폭이 플립플롭 지연시간보다 크면, 토글동작에서 출력 상태가 계속 바뀌는 레이싱(Racing) 현상이 발생한다.

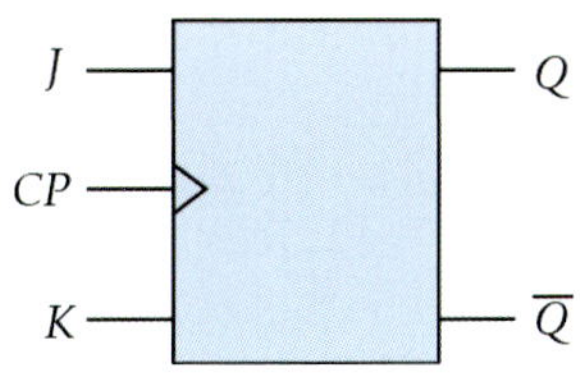

(a) 블록도

입 력		출 력
J	K	$Q_{(t+1)}$
0	0	$Q_{(t)}$
0	1	0
1	0	1
1	1	$\overline{Q_{(t)}}$

(b) 특성표

┃그림 10-3┃ JK 플립플롭

4. T 플립플롭

T 플립플롭은 JK 플립플롭의 동작 중에서 입력이 모두 0이거나 1인 경우만을 이용하는 플립플롭이다. T 플립플롭의 입력 T가 0이면 T 플립플롭은 J = 0, K = 0인 JK 플립플롭과 같이 동작하므로 출력은 변하지 않으며, T = 1이면 J = 1, K = 1인 JK 플립플롭과 같이 동작하여 출력이 토글 된다. 그래서 T 플립플롭은 토글(Toggle) 플립플롭이라 한다.

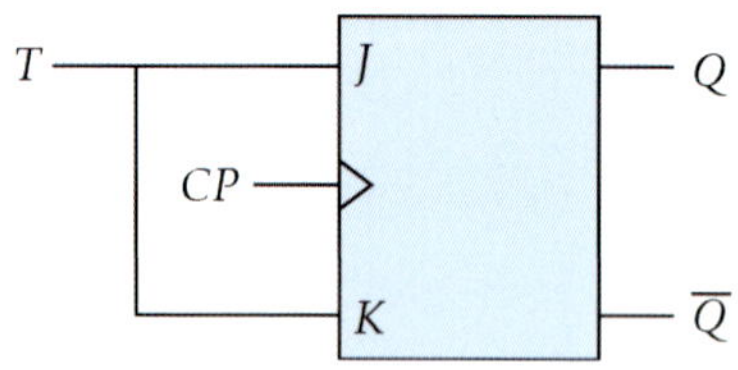

(a) T 플립플롭 블록도

입 력	출 력
T	$Q_{(t+1)}$
0	$Q_{(t)}$
1	$\overline{Q}(t)$

(b) 특성표

| 그림 10-4 | T 플립플롭

5. MS 플립플롭

MS 플립플롭(Master Slave Flip Flop)은 JK 플립플롭에서 발생하는 레이싱(Racing) 현상을 제거하기 위한 플립플롭으로서 JK 플립플롭과 동일한 진리표를 갖는다.

출력에 영향을 끼치지 않고 다른 시간에 입력변화가 허용되는 두 개의 JK 플립플롭은 에지트리거링(edge triggering) 동작을 하게 된다. 이 같은 구조를 주종 플립플롭(master-slave flip flop)이라고 부른다. 출력은 클록의 부에지(negative edge)에서 변한다. 즉 입력 신호들은 클록신호의 부에지에 동기 되어 동작하므로 출력은 지연된다. 출력이 정에지(positive edge) 클록에서 변하려면 CP 입력에 NOT 게이트를 첨가하여 주(master)에서 클록이 0레벨일 때 동작하여 입력값을 저장하고 종(slave)에서 클록이 1레벨일 때 동작하여 첫 번째 래치의 출력을 저장하면 된다.

출력은 천이시점(정에지 또는 부에지)을 제외하고는 어떤 다른 시간에도 영향을 받지 않는다. 그리고 입력 값은 다른 시간에 변할 수 있다. 클록 천이 시간에서 입력 값은 출력 값을 결정한다. 이것을 구현하는 것이 다소 복잡하지만, 단순히 패키지 IC 플립플롭을 사용하므로 세부적인 회로를 꼭 알 필요는 없다. 반면에 래치는 때때로 낱개의 게이트들을 사용하여 구성된다. 에지트리거링(edge triggering)에는 두 가지 형태가 있다. 정에지(논리 0에서 논리 1로 천이)가 일어날 때의 정에지트리거링(positive edge triggering)과 부에지(논리 1에서 논리 0으로 천이)가 일어날 때의 부에지트리거링(negative edge triggering)이다.

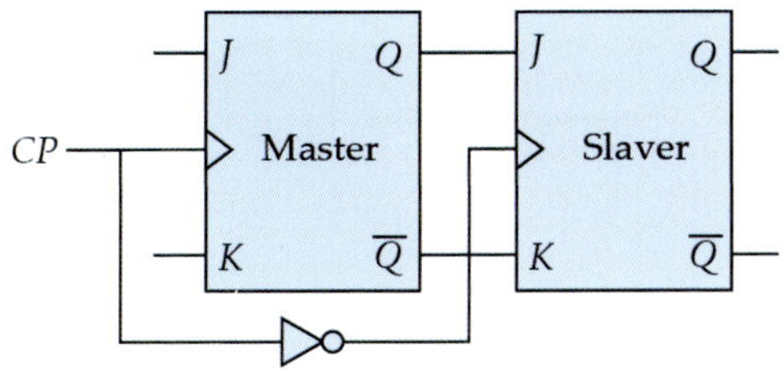

(a) MS 플립플롭 블록도

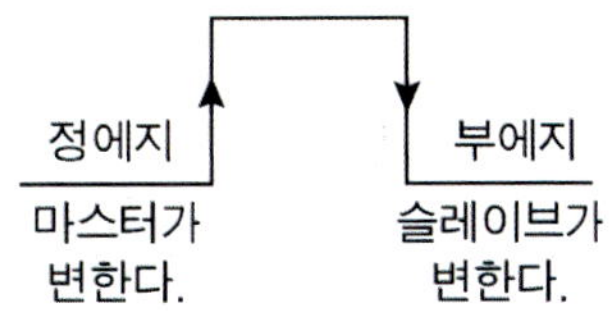

(b) 정 · 부 에지 트리거

| 그림 10-5. | 마스터슬레이브 플립플롭

3 실험 부품

번호	재 료 명	규 격	단 위	수 량
1	IC	74LS00 또는 대치부품	개	1
2	IC	74LS10 또는 대치부품	개	1
3	IC	74LS74 또는 대치부품	개	1
4	IC	74LS76 또는 대치부품	개	1

4 실험

(1) 그림 10-7의 JK 플립플롭 회로에서 입력 J, K에 대하여 출력 Q를 예측하여 표 10-1에 기록하라. 또한 회로를 구성하여 실험 결과를 표 10-2에 기록하라. JK입력은 반드시 표 10-2의 입력 순서대로 입력하고, JK를 인가한 후에 CP를 입력하라. (↑표시는 L에서 H로 변하는 것을 나타낸다.)

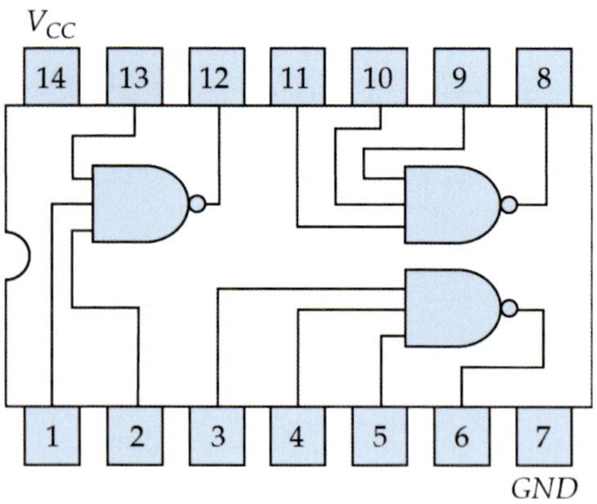

I 그림 10-6 I 74LS10 핀구조

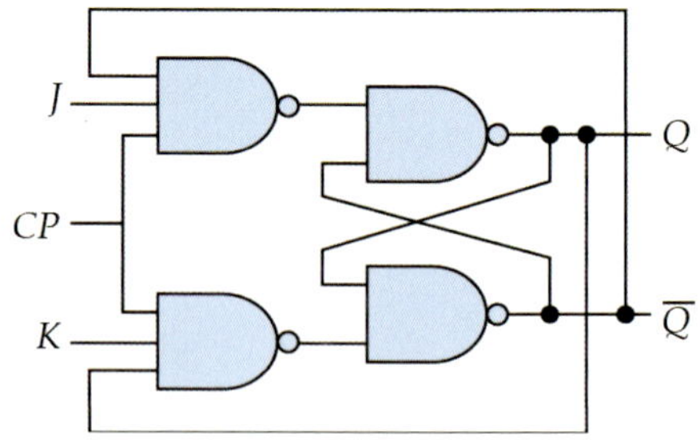

I 그림 10-7 I JK 플립플롭

▼ 표 10-1.

입력			출력
J	K	CP	Q
0	0	↑	
0	1	↑	
1	0	↑	
1	1	↑	

▼ 표 10-2.

입력			출력
J	K	CP	Q
L	L	↑	
L	H	↑	
H	L	↑	
H	H	↑	

I 참고 I

플립플롭의 Set, 또는 Reset(Clear) 단자를 연결하지 않고 오픈(open)상태로 있게 되면 잡음의 영향을 받아 정상적인 동작을 하지 않을 수 있다. 따라서 플립플롭 IC의 SD와 CD를 사용하지 않을 경우 오픈상태로 놓지 말고 0V Ehsms +5V에 연결하면 안정적으로 동작한다. 또한 입력에 따라서 풀업저항 또는 풀다운저항을 사용하면 편리하다.

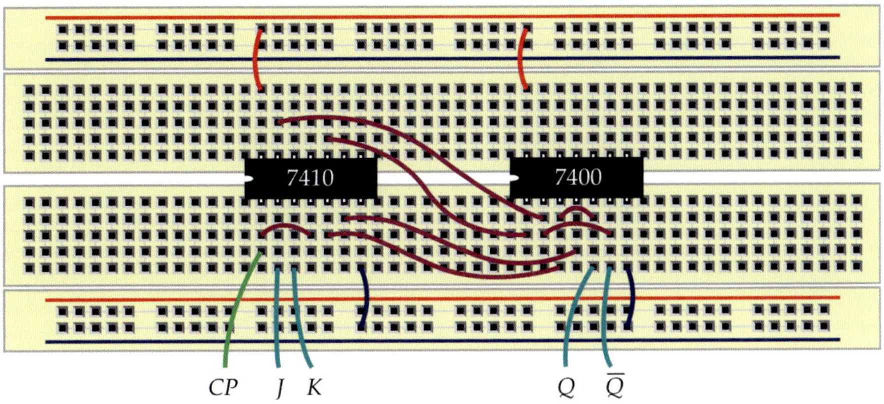

(2) 그림 10-7의 Dual JK 플립플롭 IC를 이용하여 (1)과 같이 실험을 수행하라. 실험 결과를 표 10-3에 기록하고 타이밍도를 그려라. (↓표시는 H에서 L로 변하는 것을 나타낸다.)

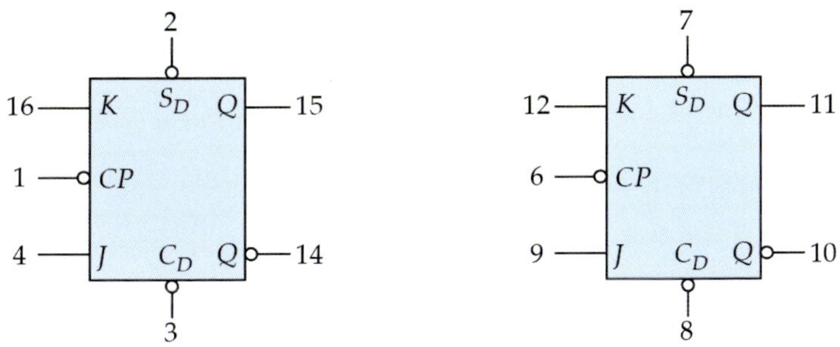

V_{CC} = PIN 5 GND = PIN 13

▌그림 10-8▐ IC 74LS76 핀 구성

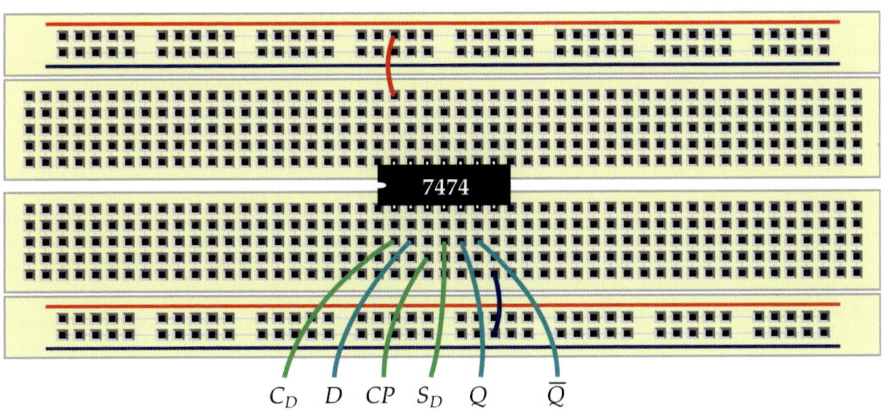

▼ 표 10-3.

입력			출력
J	K	CP	Q
L	L	↓	
L	H	↓	
H	L	↓	
H	H	↓	

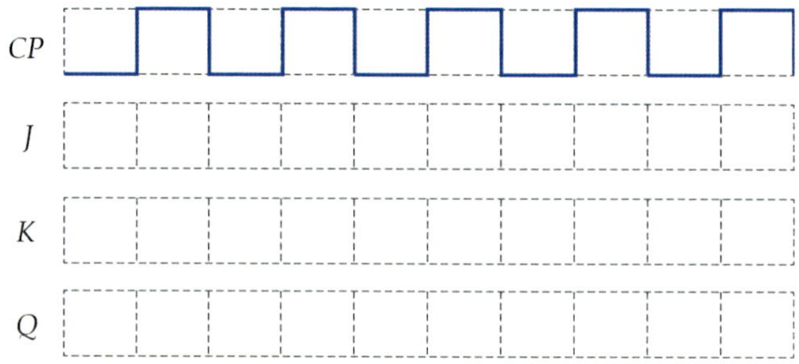

▌그림 10-9▐ 타이밍도

(3) 그림 10-9의 D 플립플롭 IC를 이용하여 실험을 수행하라. 실험 결과를 표 10-4에 기록하고 타이밍도를 그려라.

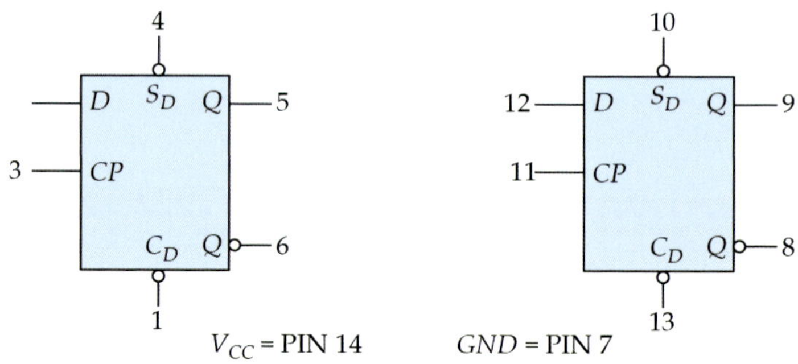

▌그림 10-10▐ IC 74LS74 핀 구성

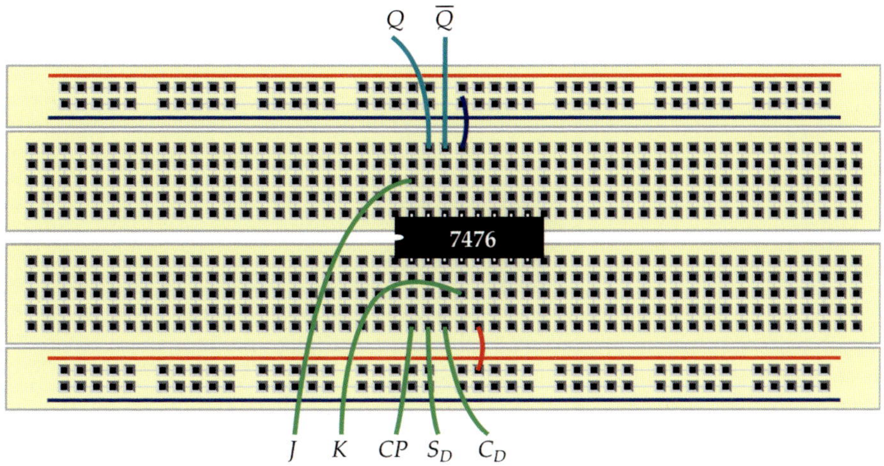

▼ 표 10-4.

입력		출력
D	*CP*	*Q*
L	↑	
H	↑	
L	↓	
H	↓	

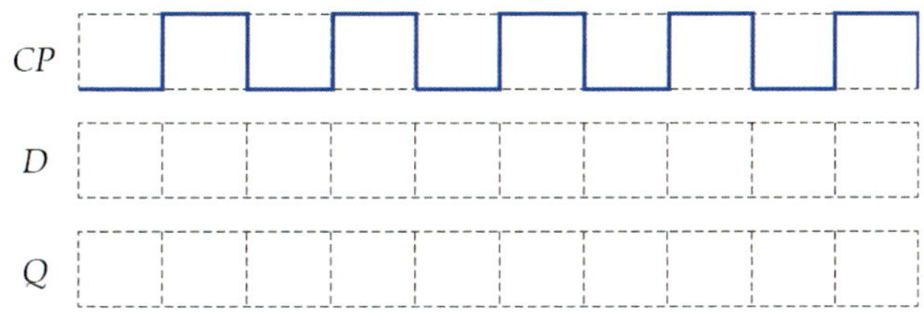

❙ 그림 10-11 ❙ 타이밍도

(4) JK 플립플롭 IC를 이용하여 T플립플롭을 구성하고 실험을 수행하여 결과를 표 10-5에 기록하고 타이밍도를 그려라.

▼ 표 10-5.

입력		출력
T	CP	Q
L	↑	
H	↑	
L	↓	
H	↓	

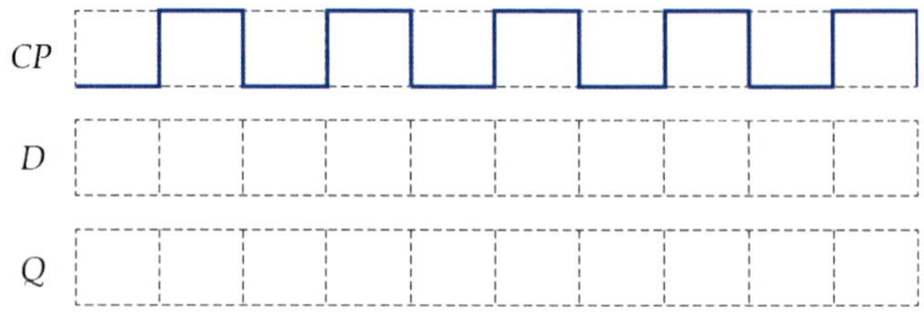

| 그림 10-12 | 타이밍도

5 실험 결과 검토 및 고찰

(1) JK 플립플롭의 동작을 설명하라.

(2) JK 플립플롭과 D 플립플롭 동작의 특징을 비교 설명하라.

(3) JK 플립플롭을 이용하여 T플립플롭을 구성하려면 어떻게 하는지 설명하라.

실험 11 비동기 카운터

1 실험 목적

이 실험의 목적은 비동기 카운터의 동작 원리를 이해하고 실험을 통하여 기능을 확인 하는데 있다. 또한 플립플롭을 이용하여 카운터를 구성하는 방법을 익힌다.

2 관련이론

비동기식 카운터는 모든 플립플롭이 클록펄스에 의하여 동기 되지 않고 첫 번째 플립플롭을 제외한 다른 플립플롭들은 앞단의 출력에 의해 차례로 동작한다. 첫 번째 단에 가해진 신호의 출력이 다음 단을 동작시키고, 이 단의 출력이 다음 단을 동작시켜 신호가 한쪽 끝에서 다른 쪽 끝까지 물결(ripple)처럼 전파되기 때문에 캐스케이드 카운터(cascade counter) 또는 리플카운터(ripple counter)라 불린다. 하나의 클록이 카운터 전체를 제어하고는 있지만, 내부적으로 (첫 번째 플립플롭을 제외한) 개개의 플립플롭들은 인접한 플립플롭의 출력에 의하여 구동되는 구조로 리플카운터는 계수가 증가하는 리플업(ripple up)카운터와 계수가 감소하는 리플 다운(ripple down) 카운터로 나눌 수 있다.

비동기 카운터의 특징은 모든 단을 동시에 동기 하는 클록펄스 연결회로가 없어 회로가 간단하나 앞단의 출력에 의하여 다음 단이 동작하므로 지연시간이 발생하여 고속 카운팅에는 부적당하므로 높은 주파수나 비트수가 많은 카운터에는 사용하지 않는다. 플립플롭의 전달지연시간을 t_d라 하면 n번째 플립플롭에서는 클록이 발생한 후 $t_d \times n$의 전달지연시간이 누적된다. 전달지연시간 보다 클록펄스의 주기가 작으면 오동작 할 수 있어 클록펄스의 주기가 충분히 커야한다. 따라서 클록펄스 주기 T_c는 $T_c \geq t_d \times n$이고, 사용가능한 최대 주파수는 $f_{\max} = \dfrac{1}{t_d \times n}$이다.

1. 리플 업 카운터

3비트 리플업 카운터를 예로 들면 JK나 T, D 플립플롭을 사용하여 구성할 수 있고, 3비트 이므로 플립플롭 3개가 필요하다. 이 경우 모듈러스(modulus) 또는 모드(MOD) 수는 8이 되는데 이는 나타내는 상태의 수를 말한다. 3비트로 나타낼 수 있은 수는 000, 001, 010, 011, 100, 101, 110, 111로 상태의 수가 8가지이므로 Modulus-8 또는 MOD-8, 8진으로 표시한다. JK플립플롭으로 mod-8의 비동기 리플업 카운터를 구성하면 다음 그림과 같다.

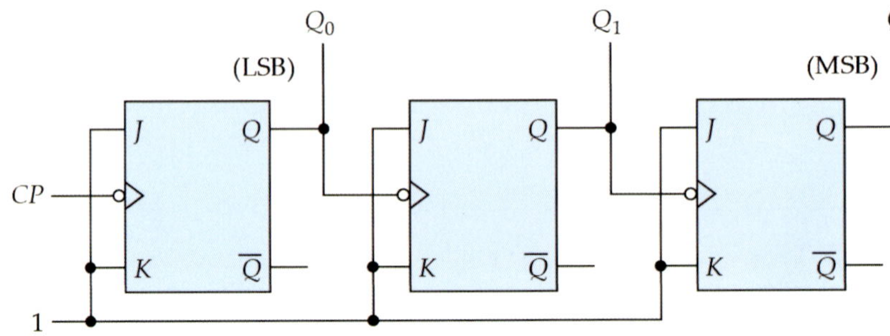

❙그림 11-1❙ 3비트 비동기 리플업 카운터

카운터의 구성에서 각각의 플립플롭들은 앞단의 출력이 뒷단의 클록펄스 입력과 연결되어 출력이 클록펄스로 작용하도록 하였다. 클록펄스(CP) 신호는 처음의 플립플롭에 가해져 출력 Q_0가 출력되면 이 출력은 다음단의 플립플롭에 클록펄스로 동작하여 출력 Q_1을 발생시키고, 이것이 다음단의 클록으로 동작하여 Q_2를 출력하게 한다. 카운터의 출력 $Q_2\,Q_1\,Q_0$의 초기상태가 000이었다면 리플업 카운터의 상태 변화는 표 11-1과 같이 000 → 001 → 010 → 011 → 100 → 101 → 110 → 111 → 000 → 001 …로 10진수로는 0 → 1 →

2 → 3 → 4 → 5 → 6 → 7 → 0 → 1 …과 같이 반복적으로 변화할 것이다. 이러한 3비트의 카운터로는 0에서 최대 $7(2^3-1)$까지 카운트할 수 있다. 플립플롭은 부에지(negative edge) 트리거로서 클록이 1에서 0으로 변할 때 플립플롭이 동작하게 된다.

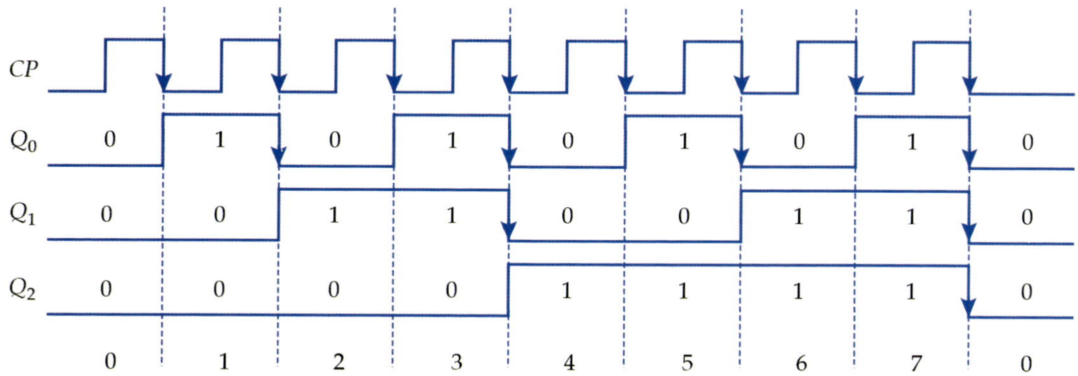

| 그림 11-2 | 3비트 비동기 리플업 카운터의 타이밍도

▼ 표 11-1.

클럭펄스 개수	입력	출력		
	CP	Q_2	Q_1	Q_0
0		0	0	0
1	↓	0	0	1
2	↓	0	1	0
3	↓	0	1	1
4	↓	1	0	0
5	↓	1	0	1
6	↓	1	1	0
7	↓	1	1	1

카운터의 타이밍도에서 첫 번째 플립플롭의 출력 Q_0은 입력 클록펄스의 주파수의 1/2배가 되고 두 번째 Q_1은 1/4배, 세 번째 Q_2는 1/8배의 주파수가 된다. 즉 클록펄스의 주파수가 1000Hz이면 Q_0은 500Hz, Q_1은 250Hz, Q_2는 125Hz가 된다.

정에지(positive edge) 트리거를 사용하는 회로 구성은 그림 11-3과 같이 플립플롭의 출력 반전단자 $\overline{Q}$와 클록입력을 연결하면 된다.

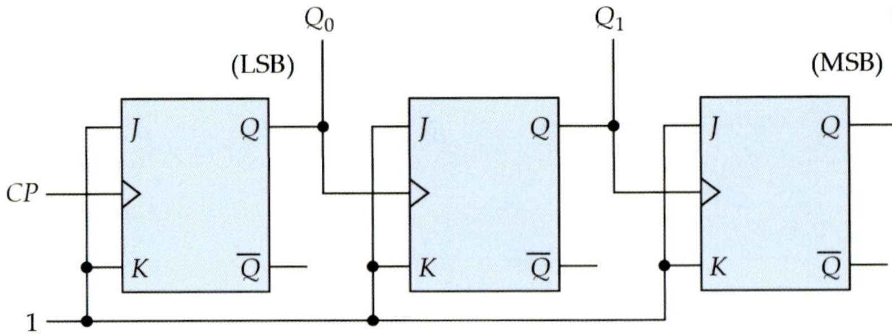

▌그림 11-3▐ 정에지 리플업 카운터

2. 리플다운 카운터

리플다운 카운터는 리플업 카운터와 같이 JK나 T, D 플립플롭을 사용하여 구성할 수 있고 동작 방법도 같으나, 카운트하는 순서가 다른 것이다. 3비트 리플업 카운터가 0에서부터 7까지 카운터 한다면 리플다운 카운터는 7에서부터 0까지 거꾸로 카운트 하는 것이 다르다. 카운터의 출력 $Q_2 Q_1 Q_0$의 초기상태가 000이었다면 리플다운 카운터의 상태 변화는 표 11-2와 같이 000 → 111 → 110 → 101 → 100 → 011 → 010 → 001 → 000 → 111 …로 10진수로는 0 → 7 → 6 → 5 → 4 → 3 → 2 → 1 → 0 → 7 …과 같이 반복적으로 변화할 것이다. 리플다운 카운터의 회로는 리플업 카운터의 부에지 트리거를 정에지 트리거로만 바꾸어 주면 쉽게 구성할 수 있다.

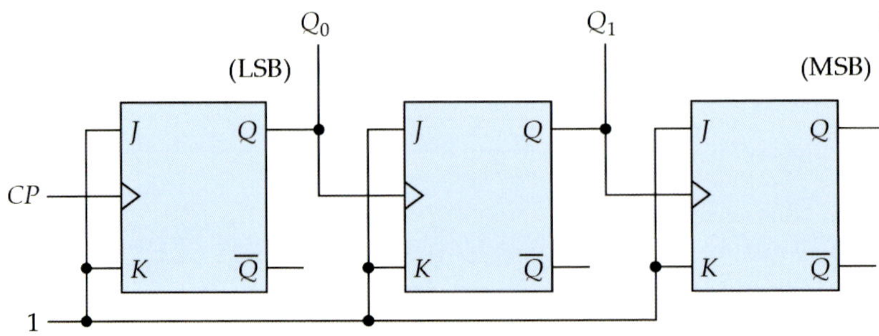

▌그림 11-4▐ 3비트 비동기 리플다운 카운터

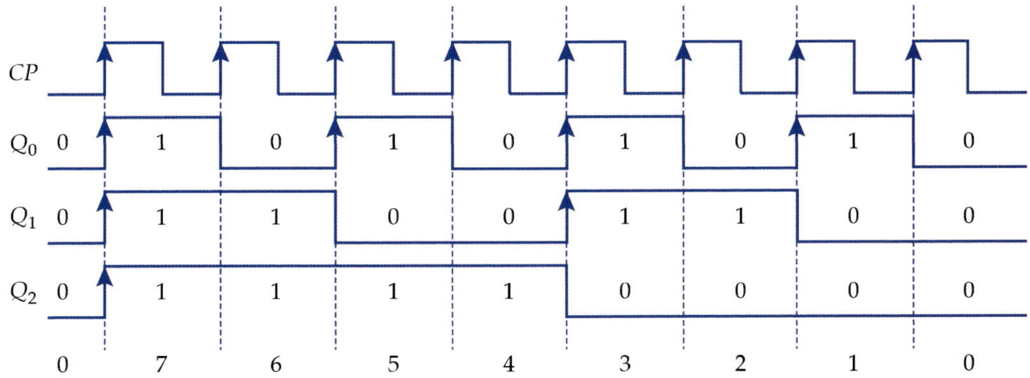

▌그림 11-5▐ 3비트 비동기 리플다운 카운터의 타이밍도

▼ 표 11-2.

클럭펄스 개수	입력	출력		
	CP	Q_2	Q_1	Q_0
0		0	0	0
1	↑	1	1	1
2	↑	1	1	0
3	↑	1	0	1
4	↑	1	0	0
5	↑	0	1	1
6	↑	0	1	0
7	↑	0	0	1

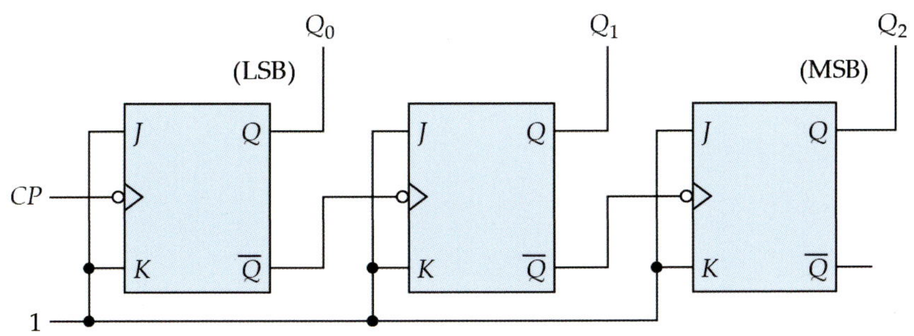

▌그림 11-6▐ 부에지 리플다운 카운터

3. 리플 업/다운 카운터

리플 업/다운 카운터는 게이트 조합에 의하여 선택적으로 업 카운트 및 다운 카운트 할 수 있는 회로이다. 그림의 회로에서 카운트 업(count-up) 단자에 1이 입력되고 카운트 다운(count-down) 단자에 0이 입력되면 출력 Q가 다음단의 클록펄스로 선택되어 업 카운터로 동작하고, 카운트 업 단자에 0이 입력되고 카운트다운 단자에 1이 입력되면 출력 $\overline{Q}$가 다음단의 클록펄스로 선택되어 다운 카운터로 동작한다.

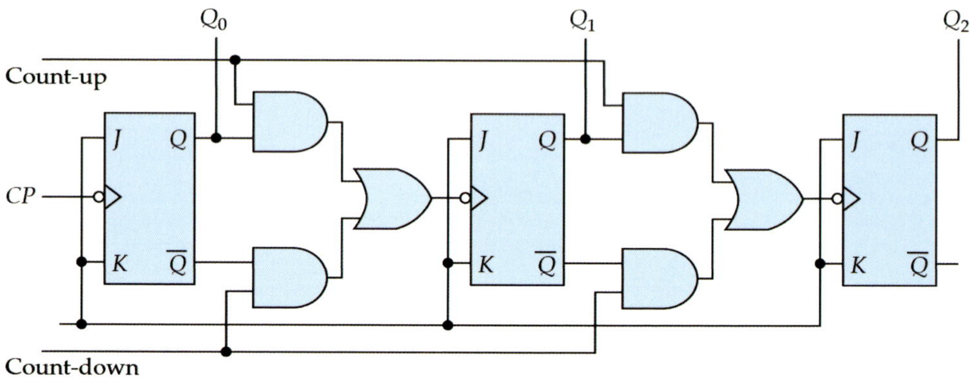

| 그림 11-7 | 3비트 비동기 리플 업/다운 카운터

4. 비동기 N진 리플 카운터 설계

비동기 N진(MOD-N) 카운터의 설계는 리플 카운터에서 원하는 수가 되었을 때 모든 플립플롭이 클리어 되도록 하면 원하는 MOD-N 카운터를 설계할 수 있다.

비동기 MOD-N 카운터의 설계순서는 다음과 같다.

(1) 원하는 수(카운트 순차)에 대한 플립플롭의 개수를 구한다.

플립플롭의 개수 $n : 2^{n-1} \le N \le 2^n$

(2) N을 2진수로 바꾼 후 1이 되는 위치의 플립플롭의 출력 Q를 NAND나 AND게이트 입력에 연결한다.

(3) N(원하는 수)에서 모든 플립플롭이 클리어 되도록 한다.

예를 들어 MOD-6인 경우 0에서 5까지 6가지 상태를 나타낼 수 있다. 따라서 플립플롭의 개수는 $2^{3-1} \leq 6 \leq 2^3$이 되므로 플립플롭의 개수는 3개가 된다. N = 6으로 2진수로 바꾸면 $Q_2 Q_1 Q_0$이 110으로 출력이 1이 되는 $Q_2 Q_1$의 플립플롭의 출력을 NAND 게이트 입력에 연결한다. 게이트의 출력을 플립플롭의 클리어 단자에 연결하면 Q_2와 Q_1의 출력이 1이 되는 순간, 즉 110이 되면 클리어 되어 $Q_2 Q_1 Q_0$ 모두 000이 된다. 카운트 결과는 표 11-3과 같다.

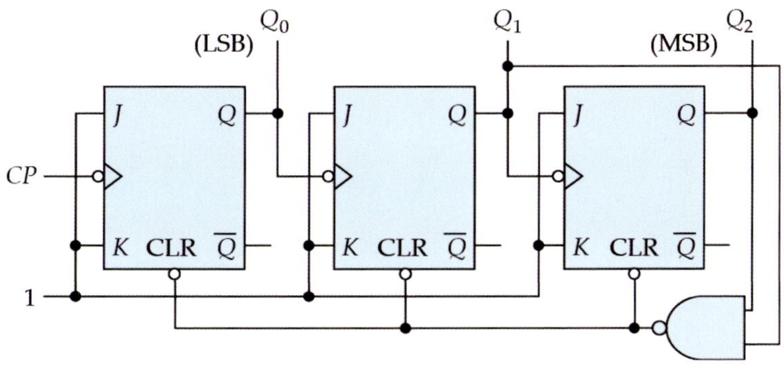

그림 11-8 비동기 MOD-6 리플 카운터

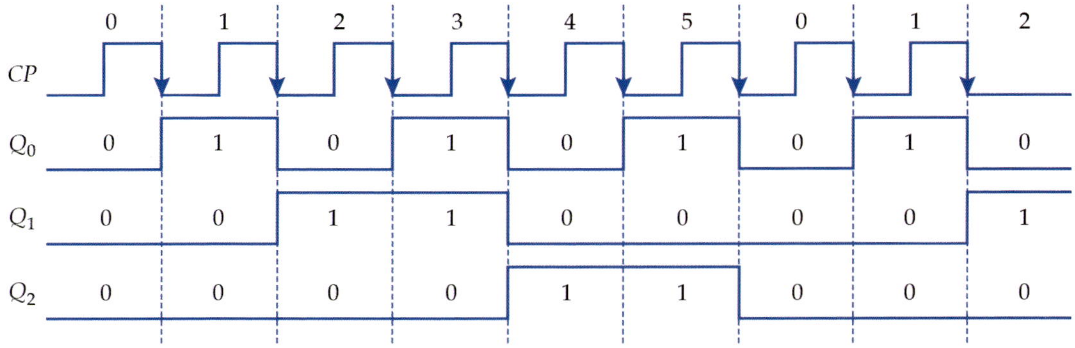

그림 11-9 비동기 MOD-6 리플 카운터 타이밍도

▼ 표 11-3.

클럭펄스 개수	입력	출력		
	CP	Q_2	Q_1	Q_0
0		0	0	0
1	↓	0	0	1
2	↓	0	1	0
3	↓	0	1	1
4	↓	1	0	0
5	↓	1	0	1
6	↓	0	0	0
7	↓	0	0	1

3 실험 부품

번호	재 료 명	규　　격	단 위	수 량
1	IC	7400 또는 대치부품	개	1
2	IC	7447 또는 대치부품	개	1
3	IC	7476 또는 대치부품	개	2
4	IC	FND507	개	1
5	저항	300Ω	개	7

4 실험

(1) 그림 11-10의 JK 플립플롭을 이용한 비동기 카운터 회로에서 예상되는 결과를 표 11-4에 기록하라. 회로를 구성하여 실험 결과를 표 11-5에 기록하고 타이밍도를 그려라.

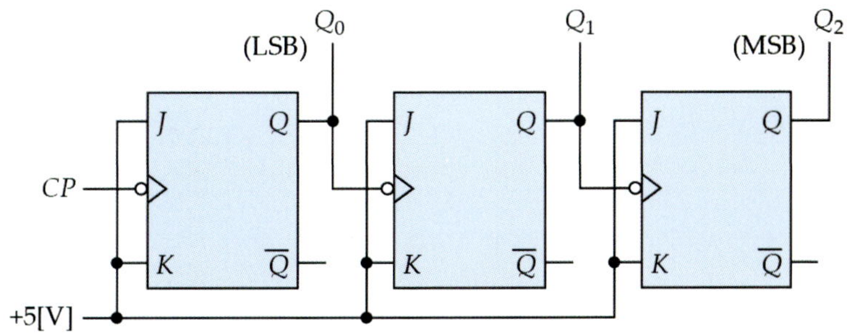

❙ 그림 11-10 ❙ 비동기 3비트 리플 카운터

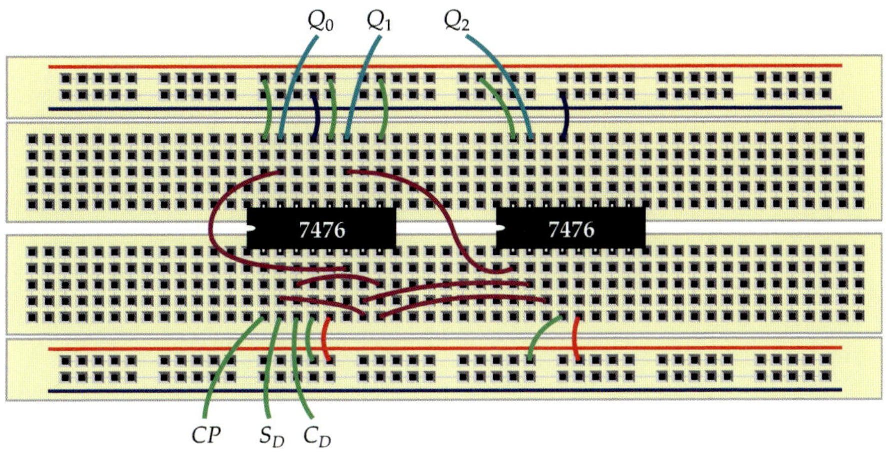

▼ 표 11-4.

클럭펄스 개수	입력	출력		
	CP	Q_2	Q_1	Q_0
0		0	0	0
1	↓			
2	↓			
3	↓			
4	↓			
5	↓			
6	↓			
7	↓			

▼ 표 11-5.

클럭펄스 개수	입력	출력		
	CP	Q_2	Q_1	Q_0
0		L	L	L
1	↓			
2	↓			
3	↓			
4	↓			
5	↓			
6	↓			
7	↓			

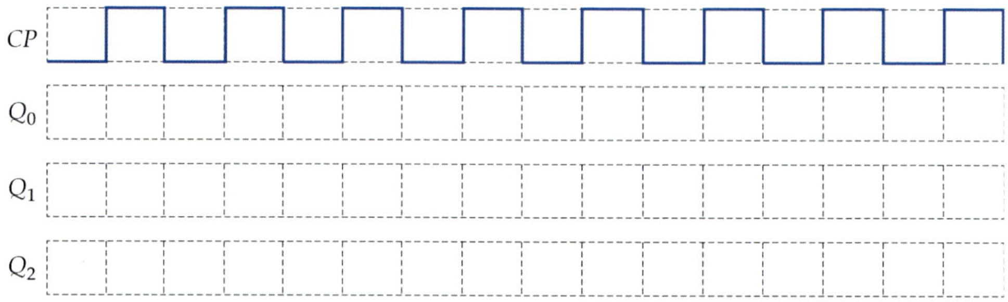

▎그림 11-11▐ 타이밍도

(2) 신호발생기에서 구형파 1KHz 발생기 또는 TTL 출력 단자를 사용하여 그림 11-10의 CP에 연결하고 그림 11-12의 타이밍도를 그려라.

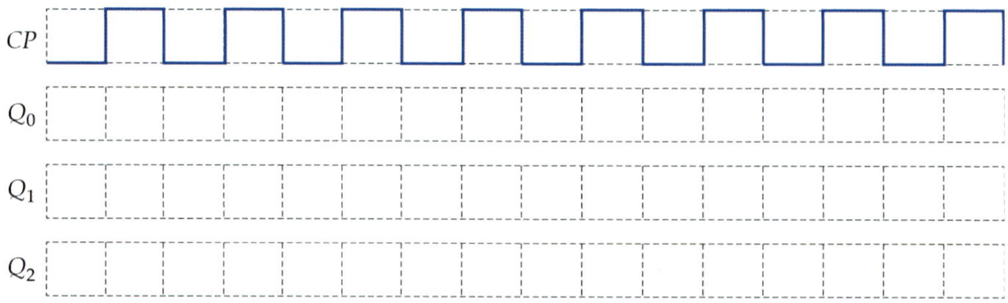

▎그림 11-12▐ 타이밍도

(3) 그림 11-13의 비동기 MOD-6 리플 카운터 회로에서 예상되는 결과를 표 11-6에 기록하라. 또한 회로를 구성하여 실험 결과를 표 11-7에 기록하고 타이밍도를 그려라.

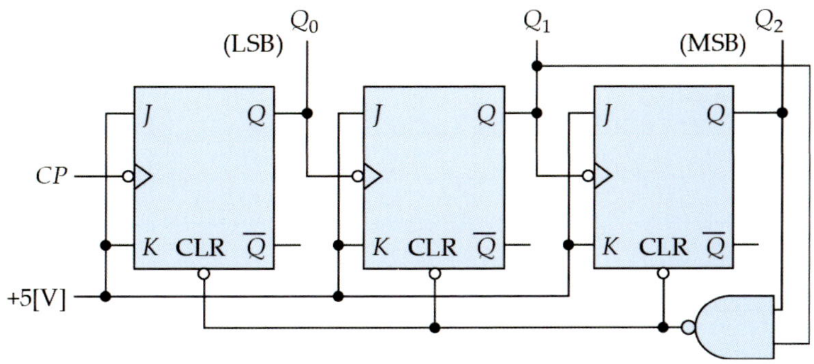

▎그림 11-13 ▎ 비동기 MOD-6 리플 카운터

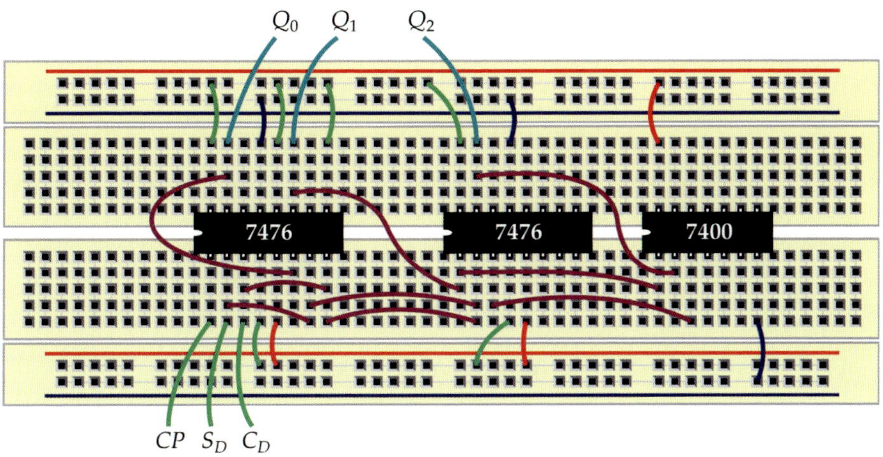

▼ 표 11-6.

클럭펄스 개수	입력	출력		
	CP	Q_2	Q_1	Q_0
0		0	0	0
1	↓			
2	↓			
3	↓			
4	↓			
5	↓			
6	↓			
7	↓			

▼ 표 11-7.

클럭펄스 개수	입력	출력		
	CP	Q_2	Q_1	Q_0
0		L	L	L
1	↓			
2	↓			
3	↓			
4	↓			
5	↓			
6	↓			
7	↓			

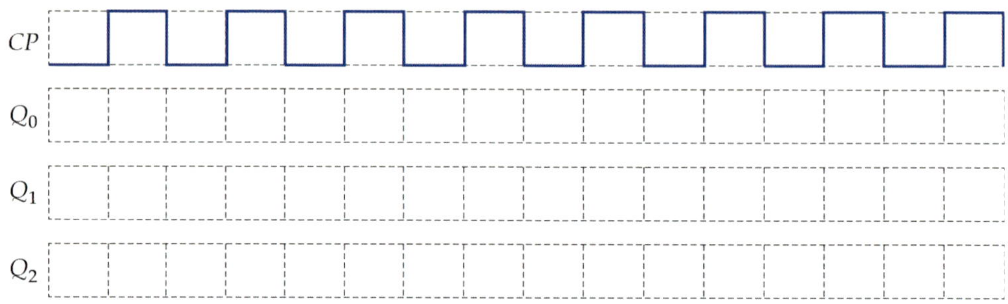

❙ 그림 11-14 ❙ 타이밍도

(4) 그림 11-15의 BCD 카운터 회로를 구성하고 7-Segment를 연결하여 실험을 수행하라. 실험 결과를 표 11-8에 기록하라.

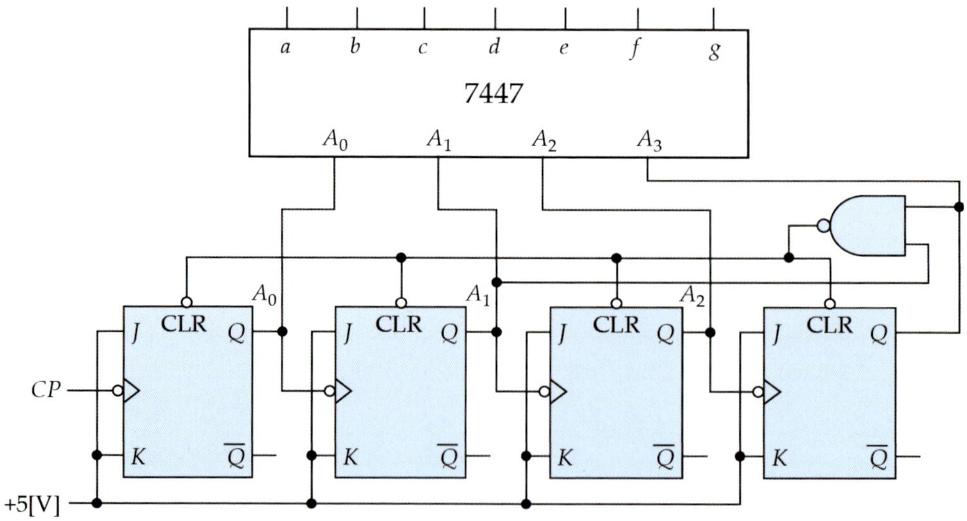

❙ 그림 11-15 ❙ BCD 카운터 회로

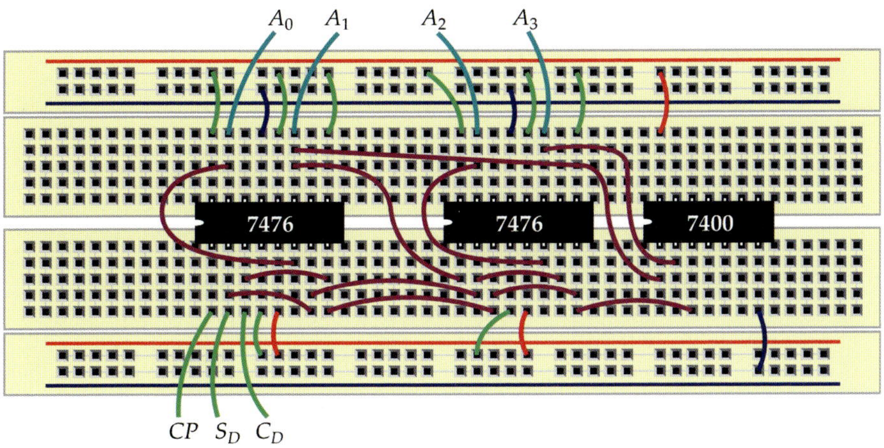

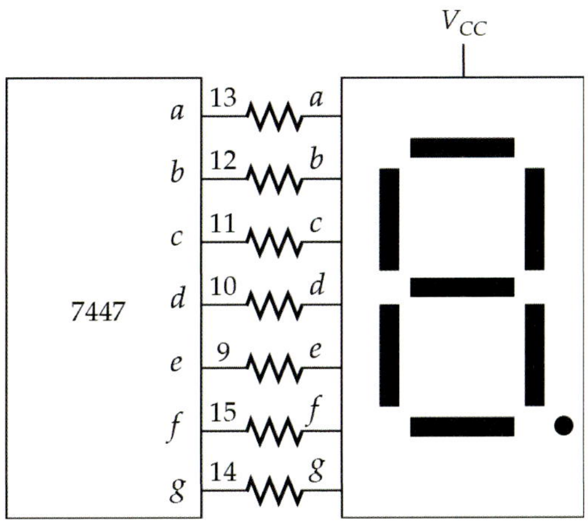

▎그림 11-16 ▎ 74LS47과 7-Segment 연결도

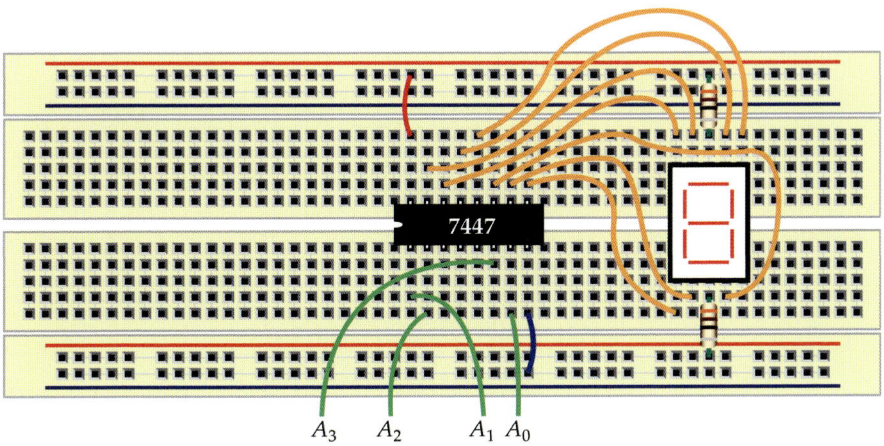

▼ 표 11-8.

클럭 펄스 갯수	입력	입력				출력							7세그먼트
	CP	A_3	A_2	A_1	A_0	a	b	c	d	e	f	g	10진수
0													
1	↓												
2	↓												
3	↓												
4	↓												
5	↓												
6	↓												
7	↓												
8	↓												
9	↓												
10	↓												
11	↓												
12	↓												
13	↓												

5 실험 결과 검토 및 고찰

(1) 비동기 카운터의 특징에 대하여 설명하라.

(2) 카운트업과 카운트다운 회로를 구성할 때 차이점은 무엇인지 설명하라.

(3) MOD-5 카운터를 설계하라.

실험 12

동기 카운터

1 실험 목적

이 실험의 목적은 동기 카운터의 동작 원리를 이해하고 실험을 통하여 기능을 확인하는데 있다. 또한 동기식과 비동기식의 차이점과 설계 방법을 익힌다.

2 관련이론

동기 카운터(synchronous counter)는 병렬식 카운터라고도 하며, 각 단에 동시에 클록 펄스가 인가되는 회로를 의미한다. 또한 동시에 트리거 입력이 인가되기 때문에 여러 단이 동시에 동작되므로 고속으로 동작되는 회로에 이용된다. 그러나 비동기식보다 더 많은 회로를 필요로 한다.

1. 동기 N진 카운터 설계

동기 N진(MOD-N) 카운터는 순차논리회로 설계와 같은 방법으로 설계할 수 있다. 상태 변화(카운트 순차)에 대한 상태도를 그리거나 상태표를 만들고, 상태표를 이용하여 플립플롭의 여기표를 구하여 카르노 맵을 이용하여 플립플롭 입력의 조합회로를 구하면 된다.

예를 들어 3비트(MOD-8) 동기 업 카운터의 경우 플립플롭의 상태표의 현재상태와 다음 상태가 표 12-1에서와 같다면 이에 대한 JK 플립플롭의 여기표, 즉 플립플롭의 입력 표 12-1과 같이 만들 수 있다.

다음으로는 상태표의 현재상태와 여기표의 플립플롭의 입력에 대하여 카르노 맵을 이용하여 플립플롭의 입력함수를 구할 수 있다.

▼ 표 12-1. 3비트 동기 업 카운터 상태표 및 여기표

현재상태			다음상태			플립플롭 입력					
Q_C	Q_B	Q_A	Q_C	Q_B	Q_A	J_C	K_C	J_B	K_B	J_A	K_A
0	0	0	0	0	1	0	×	0	×	1	×
0	0	1	0	1	0	0	×	1	×	×	1
0	1	0	0	1	1	0	×	×	0	1	×
0	1	1	1	0	0	1	×	×	1	×	1
1	0	0	1	0	1	×	0	0	×	1	×
1	0	1	1	1	0	×	0	1	×	×	1
1	1	0	1	1	1	×	0	×	0	1	×
1	1	1	0	0	0	×	1	×	1	×	1

Q_C \ Q_BQ_A	00	01	11	10
0	0	0	1	0
1	X	X	X	X

$J_C = Q_BQ_A$

Q_C \ Q_BQ_A	00	01	11	10
0	X	X	X	X
1	0	0	1	0

$K_C = Q_BQ_A$

Q_C \ Q_BQ_A	00	01	11	10
0	0	1	X	X
1	0	1	X	X

$J_B = Q_A$

Q_C \ Q_BQ_A	00	01	11	10
0	X	X	1	0
1	X	X	1	0

$K_B = Q_A$

▌그림 12-1▐ 카운터의 입력함수 카르노 맵

구한 입력함수와 플립플롭을 이용하여 논리회로를 구성하면 그림 12-2와 같다.

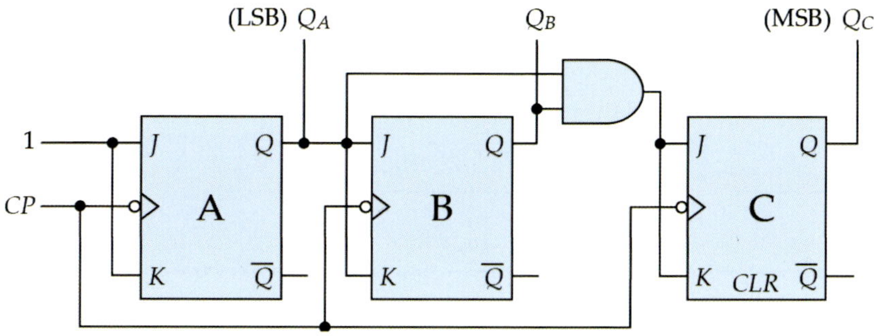

▌그림 12-2▐ MOD-8 동기 업 카운터 회로

2. 시프트 카운터

시프트 카운터(shift counter)는 시프트 레지스터를 이용한 카운터로 시프트 레지스터의 마지막 플립플롭의 출력을 처음 플립플롭의 입력으로 귀환 하도록 한 순환 시프트 레지스터이다. 이러한 형태의 카운터로는 링 카운터(ring counnter)와 존슨 카운터(johnson counter)가 있다.

링 카운터는 마지막 플립플롭의 출력 Q가 첫 번째 플립플롭 입력에 연결되고, MOD-N(N개의 상태)을 나타내기 위해서 N개의 플립플롭이 필요하다. 즉 MOD-4 링 카운터라면 4개의 플립플롭이 필요하다.

MOD-4 링 카운터를 4개의 D 플립플롭을 이용하여 설계하면 그림 12-3과 같고, 타이밍도는 플립플롭의 처음 상태가 $Q_3\,Q_2\,Q_1\,Q_0 = 1000$이라 가정할 때 클록펄스에 대한 변화를 나타낸다.

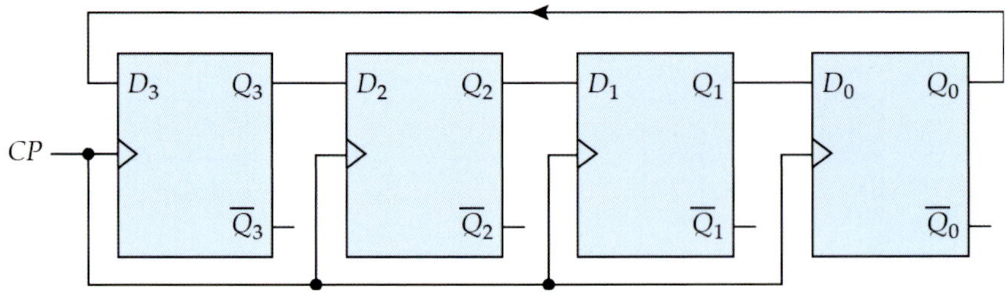

▌그림 12-3▐ MOD-4 링 카운터

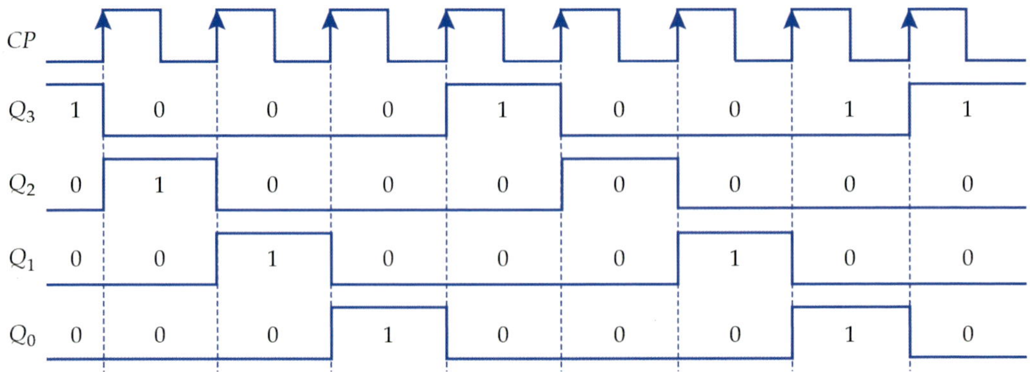

▌그림 12-4▐ MOD-4 링 카운터 타이밍도

▼ 표 12-2. MOD-4 링 카운터 진리표

클록펄스	Q_3	Q_2	Q_1	Q_0
	1	0	0	0
↑	0	1	0	0
↑	0	0	1	0
↑	0	0	0	1
↑	1	0	0	0
↑	0	1	0	0
↑	0	0	1	0
↑	0	0	0	1

존슨 카운터는 트위스티드(twisted) 링 카운터라고도 하며 마지막 플립플롭의 출력 Q가 첫 번째 플립플롭 입력에 연결되고, MOD-N 존슨 카운터에 필요한 플립플롭은 N/2개가 필요하다. 회로 구성상 존슨 카운터와 링 카운터가 다른 점은 출력 귀환 요소 Q와 $\overline{Q}$, 그리

고 플립플롭의 개수 차이이다. 그림 12-5는 MOD-6 존슨 카운터로 3개의 D 플립플롭을 이용하여 구성하였고, 타이밍도는 플립플롭의 처음 상태가 $Q_2 Q_1 Q_0 = 000$이라 가정할 때 클록펄스에 대한 변화를 나타낸다.

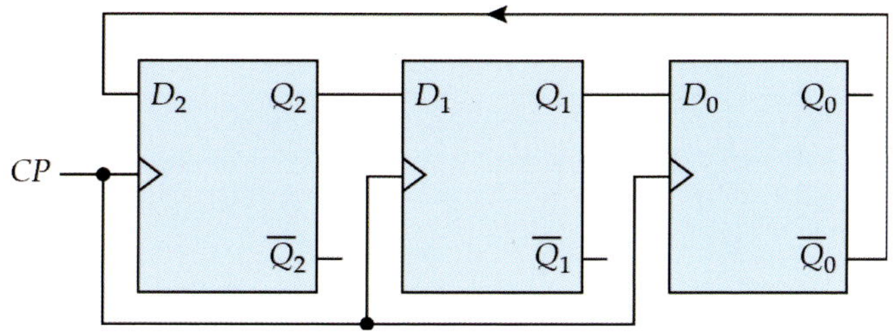

▌그림 12-5▐ MOD-6 존슨 카운터

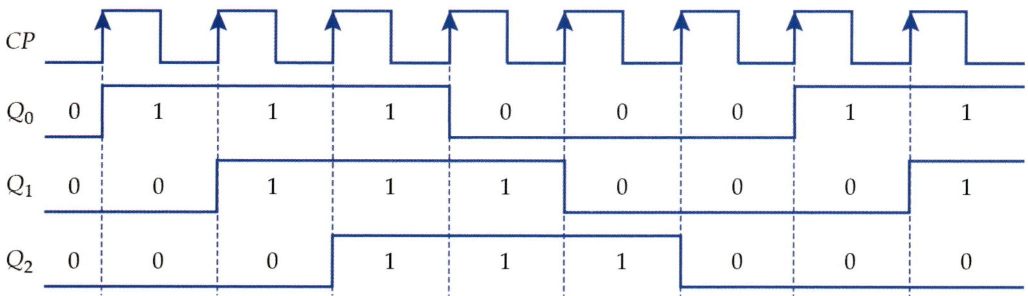

▌그림 12-6▐ MOD-6 존슨 카운터 타이밍도

▼ 표 12-3. MOD-6 존슨 카운터 진리표

클록펄스	Q_2 Q_1 Q_0
	0 0 0
↑	1 0 0
↑	1 1 0
↑	1 1 1
↑	0 1 1
↑	0 0 1
↑	0 0 0
↑	1 0 0

3 실험 부품 및 장비

번호	재료명	규격	단위	수량
1	IC	7408 또는 대치부품	개	1
2	IC	7474 또는 대치부품	개	1
3	IC	7476 또는 대치부품	개	2

4 실험

(1) 그림 12-7의 동기 카운터 회로에서 예상되는 결과를 표 12-4에 기록하라. 회로를 구성하여 실험 결과를 표 12-5에 기록하고 타이밍도를 그려라.

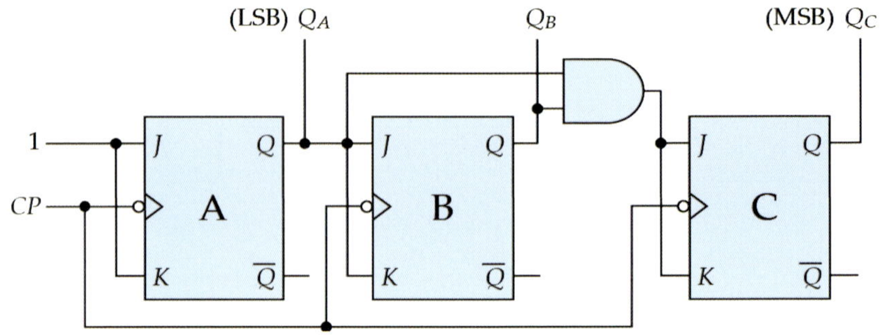

▌그림 12-7▐ 동기 MOD-8 업 카운터

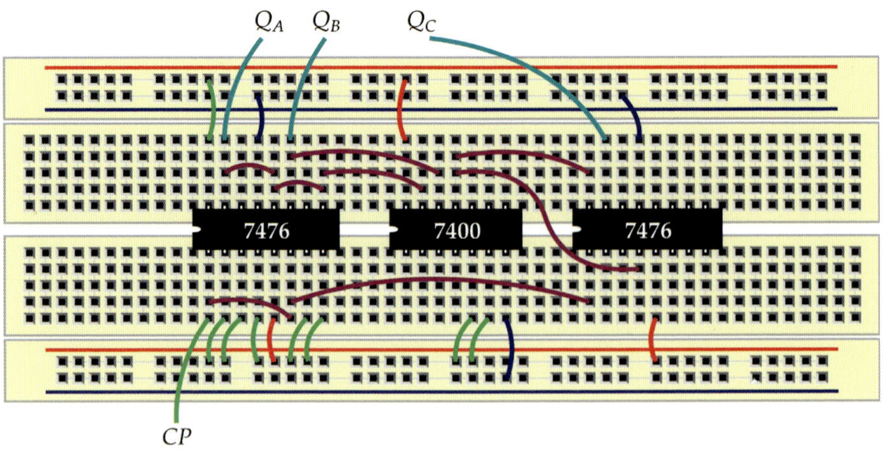

▼ 표 12-4.

클럭펄스 개수	입력	출력		
	CP	Q_C	Q_B	Q_A
0		0	0	0
1	↓			
2	↓			
3	↓			
4	↓			
5	↓			
6	↓			
7	↓			
8	↓			
9	↓			

▼ 표 12-5.

클럭펄스 개수	입력	출력		
	CP	Q_C	Q_B	Q_A
0		L	L	L
1	↓			
2	↓			
3	↓			
4	↓			
5	↓			
6	↓			
7	↓			
8	↓			
9	↓			

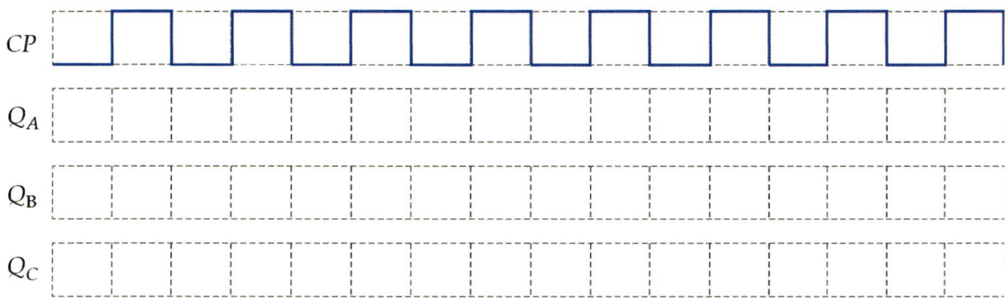

▎그림 12-8▐ 타이밍도

(2) 신호발생기에서 구형파 1kHz 발생 또는 TTL 출력 단자를 사용하여 그림 12-7의 CP에 연결하고 그림 12-9의 타이밍도를 그려라.

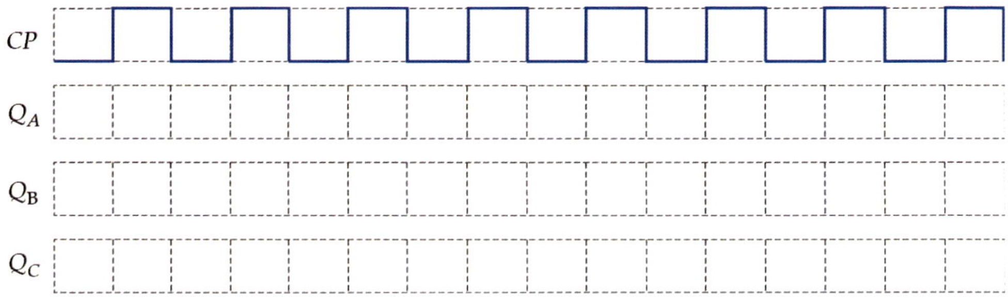

그림 12-9 타이밍도

(3) 그림 12-10의 동기 MOD-6 존슨 카운터 회로에서 예상되는 결과를 표 12-6에 기록하라. 또한 회로를 구성하여 실험 결과를 표 12-7에 기록하고 타이밍도를 그려라.

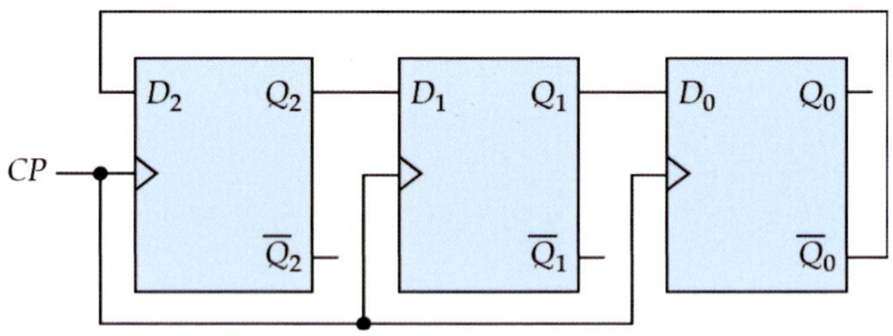

그림 12-10 동기 MOD-6 존슨 카운터

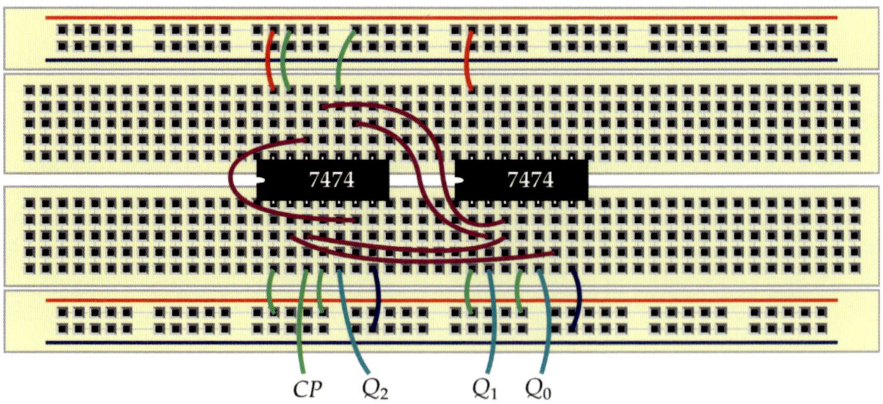

▼ 표 12-6.

클럭펄스 개수	입력	출력		
	CP	Q_2	Q_1	Q_0
0		0	0	0
1	↑			
2	↑			
3	↑			
4	↑			
5	↑			
6	↑			
7	↑			
8	↑			
9	↑			

▼ 표 12-7.

클럭펄스 개수	입력	출력		
	CP	Q_2	Q_1	Q_0
0		L	L	L
1	↑			
2	↑			
3	↑			
4	↑			
5	↑			
6	↑			
7	↑			
8	↑			
9	↑			

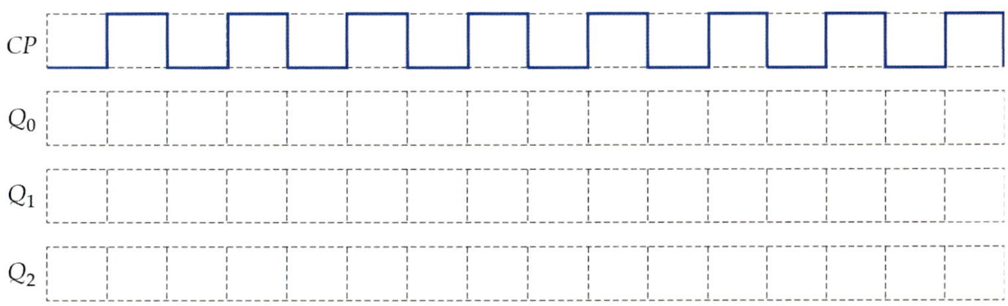

❙ 그림 12-11 ❙ 타이밍도

(4) 동기 5진(MOD-5) 카운터 회로를 설계하여 회로를 그림 12-12에 그리고 예상되는 결과를 표 12-8에 기록하라. 또한 회로를 구성하여 실험 결과를 표 12-9에 기록하고 그림 12-13에 타이밍도를 그려라.

❙ 그림 12-12 ❙ 동기 5진 카운터 회로도

▼ 표 12-8.

클럭펄스 개수	입력	출력		
	CP	Q_2	Q_1	Q_0
0		0	0	0
1				
2				
3				
4				
5				
6				
7				
8				
9				

▼ 표 12-9.

클럭펄스	입력	출력		
개수	CP	Q_2	Q_1	Q_0
0		L	L	L
1				
2				
3				
4				
5				
6				
7				
8				
9				

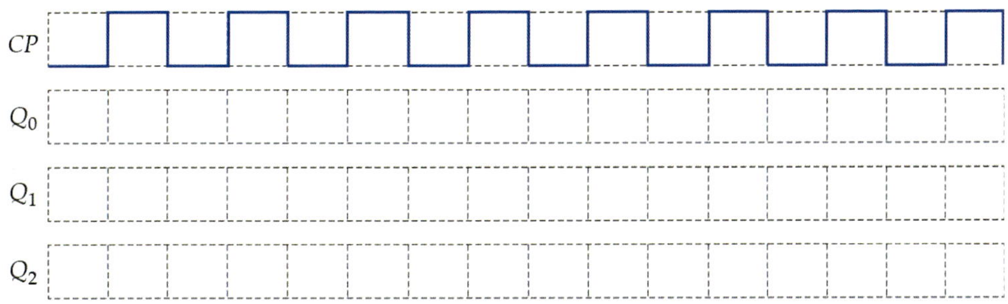

▎그림 12-13 ▎ 타이밍도

5 실험 결과 검토 및 고찰

(1) 동기 카운터의 특징에 대하여 설명하라.

(2) 링 카운터와 존슨 카운터의 차이점은 무엇인지 설명하라.

(3) 동기 MOD-10 카운터를 설계하라.

실험 13 레지스터

1 실험 목적

이 실험의 목적은 레지스터의 동작 원리를 이해하고 실험을 통하여 기능을 확인 하는데 있다. 또한 직렬입력-직렬출력, 직렬입력-병렬출력, 병렬입력-직렬출력, 병렬입력-병렬출력 차이점과 설계 방법을 익힌다.

2 관련이론

레지스터(register)는 2진 정보의 일시적인 저장을 위해서 많이 사용된다. 플립플롭은 1비트의 정보를 저장할 수 있으므로 여러 개의 플립플롭들을 배열하여 레지스터를 만든다. 만약 n비트 레지스터를 설계하려면 n개의 플립플롭이 필요하게 된다. 레지스터는 어떤 자료처리 작업을 수행하는 조합논리회로를 갖는다. 즉 레지스터에서 플립플롭은 2진 정보를 저장하고 조합논리회로는 새로운 정보를 플립플롭에 전송할 시간과 방법을 제어한다. 레지스터는 기능에 따라 데이터를 일시적으로 저장하는 데이터 레지스터(data register), 시프트 기능을 하는 시프트 레지스터(shift register)로 나눌 수 있다. 레지스터의 용도는 컴퓨터에서 입력장치로부터 입력된 데이터를 임시로 저장하였다 CPU로 전송하거나 CPU에서 계산도중 중간결과를 저장하고 연산에서는 보수를 구하든가 곱셈, 나눗셈을 하는데 쓰이며, 계산된 결과를 임시로 저장했다가 출력하는데도 쓰인다.

1. 레지스터 기능

(1) 데이터 레지스터

데이터를 저장하는데 사용하는 레지스터를 데이터 레지스터(data register)라고 한다. 하나의 플립플롭을 사용해서 1비트의 데이터를 저장할 수 있고, 8비트(1바이트)의 데이터를 저장하기 위해서는 8개의 플립플롭을 사용하면 된다. D 플립플롭으로 8비트 데이터 레지스터를 만들 경우 플립플롭을 병렬로 연결하면 된다.

(2) 시프트 레지스터

플립플롭의 출력을 인접한 플립플롭의 입력에 연결하여 플립플롭의 출력이 인접한 플립플롭으로 이동된다. 이와 같은 구조의 레지스터를 시프트 레지스터라고 한다.

2. 레지스터의 종류 및 동작

레지스터는 회로의 구성 방법에 따라 병렬입력-병렬출력(parallel in-parallel out ; PIPO), 병렬입력-직렬출력(parallel in-serial out ; PISO), 직렬입력-병렬출력(serial-in parallel-out ; SIPO), 직렬입력-직렬출력(serial in-serial out ; SISO)으로 나눌 수 있다.

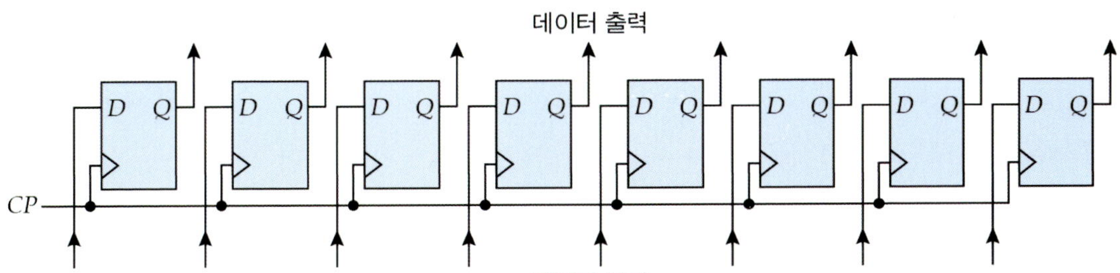

(a) 병렬입력-병렬출력

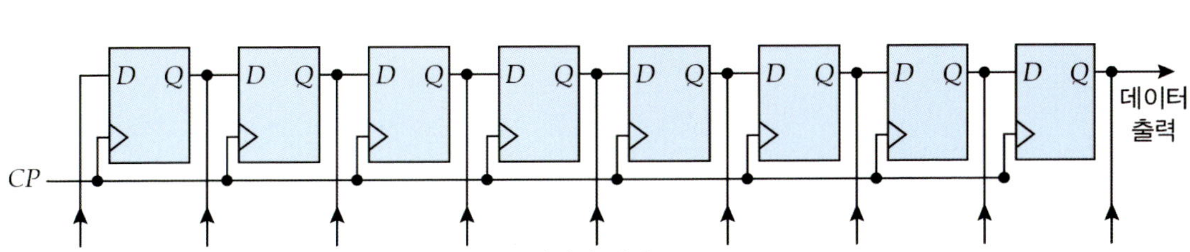

(b) 병렬입력-직렬출력

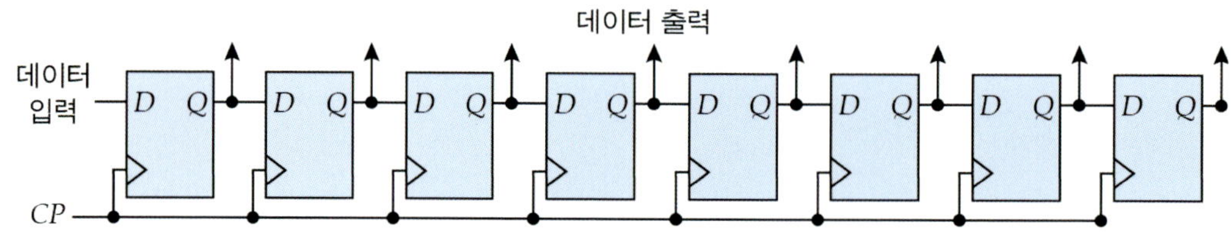

(c) 직렬입력-병렬출력

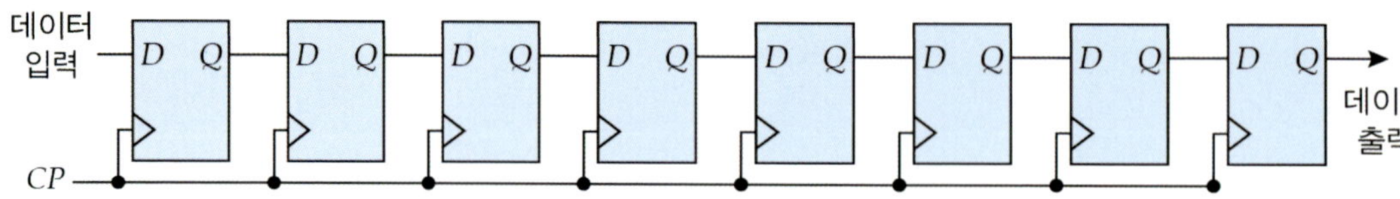

(d) 직렬입력-직렬출력

▌그림 13-1▐ 8비트 데이터 레지스터

PIPO에서 데이터는 동시에 플립플롭에 병렬로 입력되고 각 플립플롭 출력으로 모든 비트가 동시에 병렬로 출력되며, PISO에서는 데이터가 동시에 플립플롭에 병렬로 입력되고 최종 플립플롭에서 직렬로 출력된다. SIPO에서 데이터는 한 번에 한 비트씩 한쪽 끝에서 직렬로 입력되고 플립플롭에서 모든 비트가 동시에 병렬로 출력되고, SISO에서 데이터는 한 번에 한 비트씩 한쪽 끝에서 직렬로 입력되고 최종 플립플롭에서 직렬로 출력된다.

예를 들어 직렬입력 레지스터에 대하여 데이터 입력이 첫 번째 플립플롭에 인가되면 연속적인 클록 동작이 데이터를 오른쪽으로 하나씩 이동시킬 것이다. 그러므로 시프트 레지스터의 초기 값이 00000000이라면 첫 번째 플립플롭에 1이 인가되고 연속적인 8번의 클록 펄스는 레지스터의 값을 10000000, 11000000, 11100000, 11110000, 11111000, 11111100, 11111110, 11111111로 변화시킨다.(첫 번째 플립플롭에 계속해서 1을 인가). 만약 처음에만 1을 인가하고 이후에는 계속해서 0이 인가되면 레지스터의 값은 다음과 같이 1이 이동해 가는 모습이 될 것이다.

10000000, 01000000, 00100000, 00010000, 00001000, 00000100, 00000010, 00000001

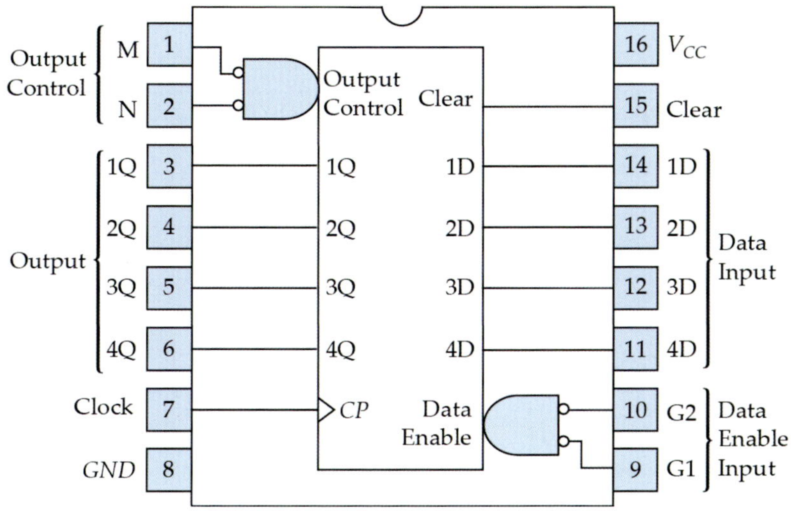

▌그림 13-2▐ 4비트 병렬입력-병렬출력 IC 74173 구조

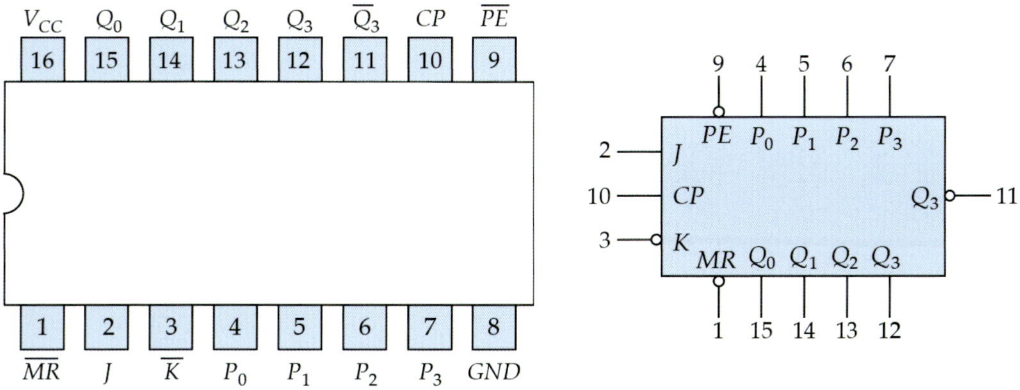

▌그림 13-3▐ 4bit Universal Shift Register IC 74195 구조

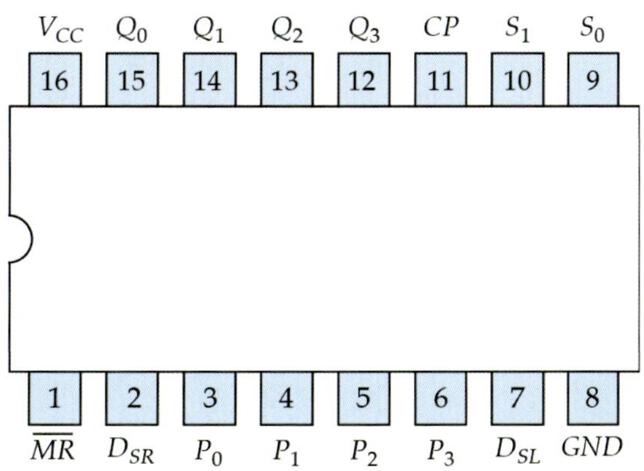

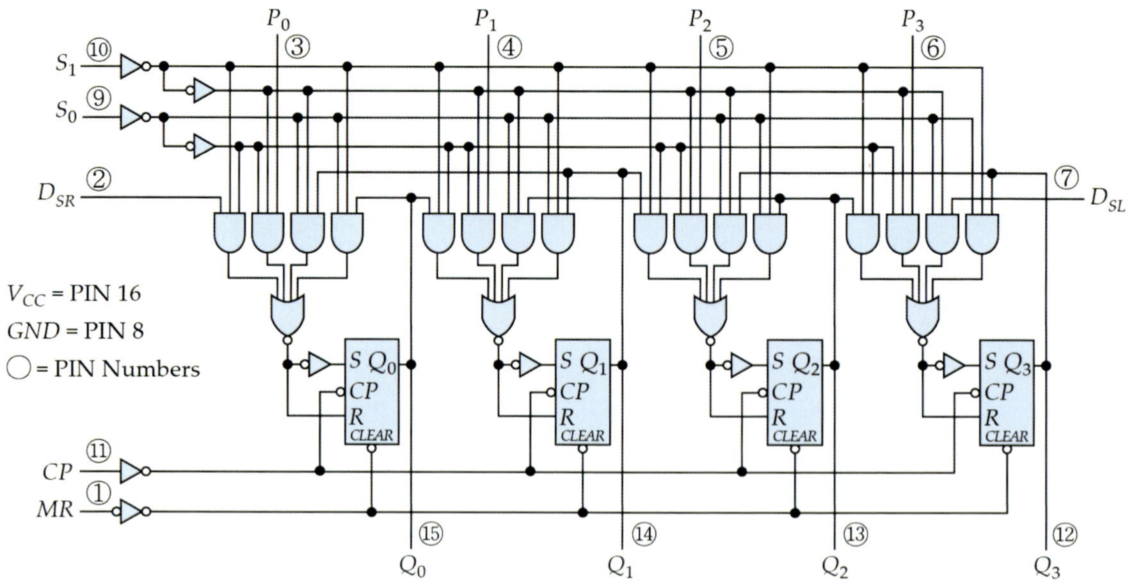

그림 13-4 4bit Bidirectional Universal Sift Register IC 74194 구조

3 실험 부품

번호	재료명	규 격	단 위	수 량
1	IC	7491 또는 대치부품	개	1
2	IC	74164 또는 대치부품	개	1
3	IC	74165 또는 대치부품	개	1
4	IC	74173 또는 대치부품	개	1
5	IC	74194 또는 대치부품	개	1
6	IC	74195 또는 대치부품	개	1

4 실험

(1) 그림 13-5의 시프트 레지스터회로에서 예상되는 결과를 표 13-1에 기록하라. 또한 회로를 구성하고 CLR에 Low(0V)를 가하여 플립플롭의 상태를 0으로 한 다음 High(5V)로 한다. Data 입력에 대한 플립플롭의 출력상태를 표 13-2에 기록하라.

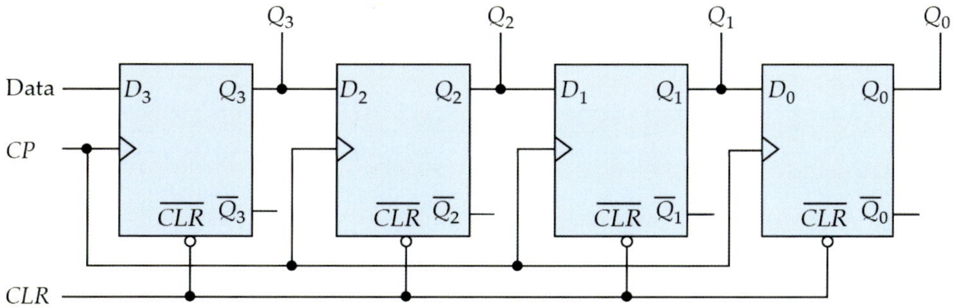

▎그림 13-5 ▎ 4비트 직렬입력-직렬/병렬 출력 레지스터

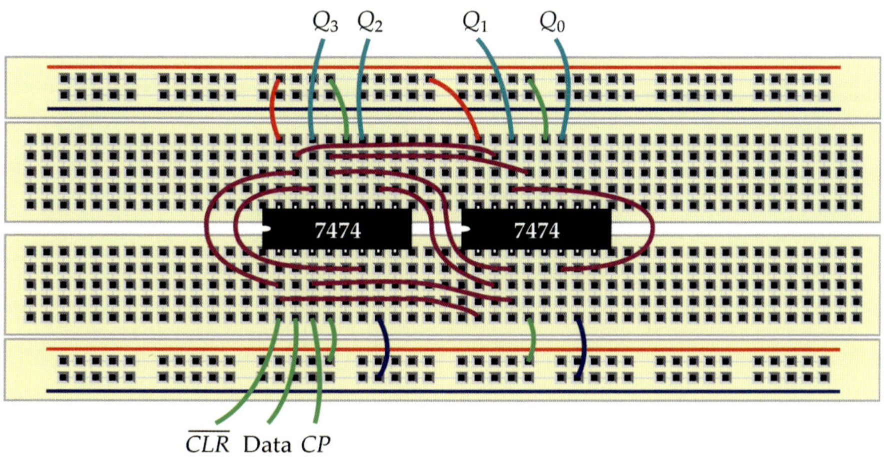

▼ 표 13-1.

클럭펄스 개수	입력	출력			
	Data	Q_3	Q_2	Q_1	Q_0
0		0	0	0	0
1	1				
2	1				
3	0				
4	0				
5	0				
6	1				
7	0				
8	1				
9	0				

▼ 표 13-2.

클럭펄스 개수	입력	출력			
	Data	Q_3	Q_2	Q_1	Q_0
0		L	L	L	L
1	H				
2	H				
3	L				
4	L				
5	L				
6	H				
7	L				
8	H				
9	L				

(2) 그림 13-6의 8비트 직렬입력-직렬출력 레지스터 7491 IC를 이용하여 8비트 레지스터 회로를 구성하고 표 13-3의 데이터를 입력하고 출력되는 결과를 표 13-3에 기록하라. (A에 데이터를 입력하면 B는 High 상태로 해야 한다. A와 B를 바꾸어도 같음)

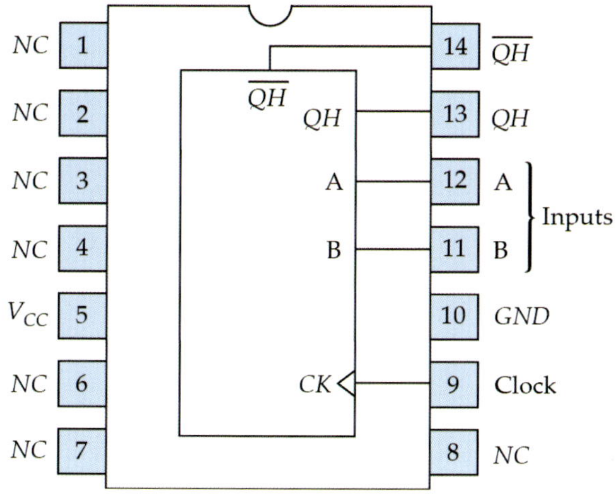

| 그림 13-6 | 8비트 직렬입력-직렬출력 IC 7491 구조

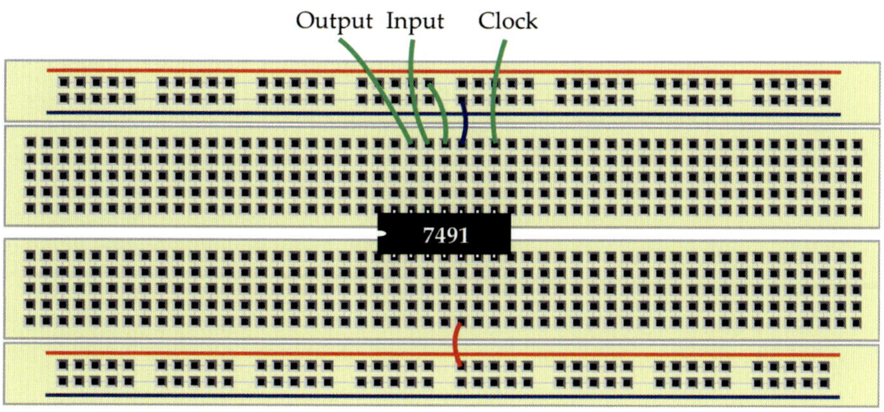

▼ 표 13-3.

클럭 개수 Clock	1	2	3	4	5	6	7	8	9	10	11	12	13	14	15	16	17	18
입력 A 또는 B	H	H	L	L	L	H	H	H	L	H	L	H	H	L	L	L	H	H
출력 Q																		

(3) 그림 13-7의 8비트 직렬입력-병렬출력 레지스터 74164 IC를 이용하여 8비트 레지스터 회로를 구성하고 표 13-4의 데이터를 입력하고 출력되는 결과를 표 13-4에 기록하라. (우선 MR 단자에 Low를 입력하여 모두 0(Low) 상태로 만든 후 데이터를 입력한다. A

에 데이터를 입력하면 B는 High 상태로 해야 한다. A와 B를 바꾸어도 같음)

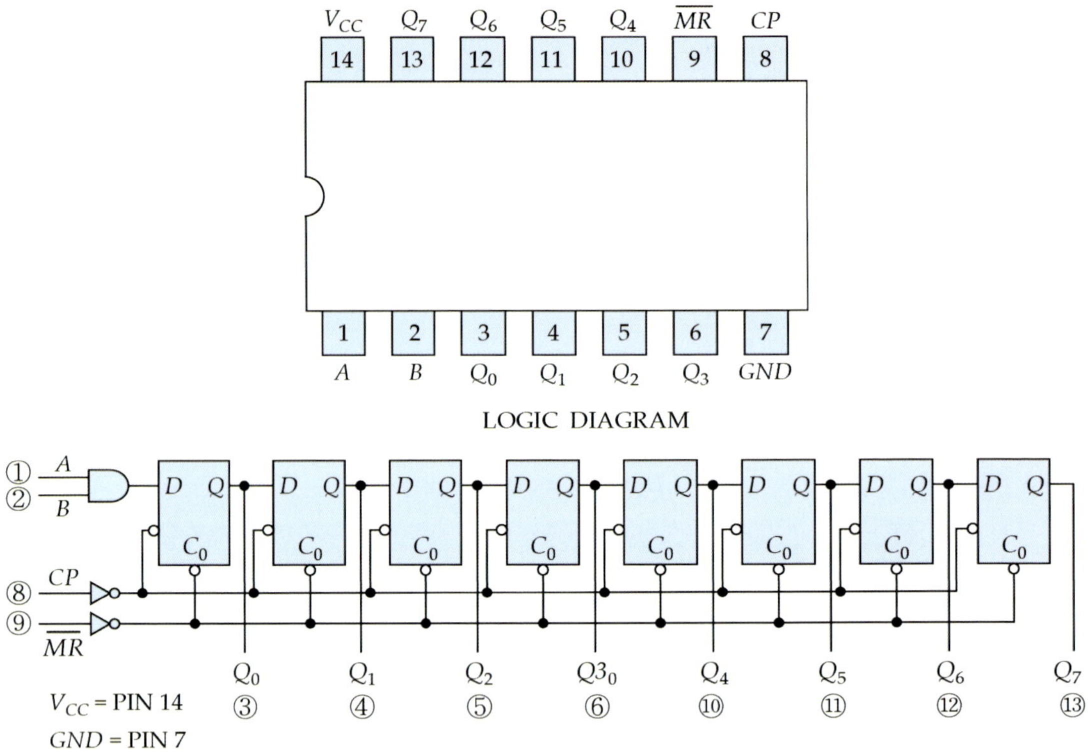

❙ 그림 13-7 ❙ 8비트 직렬입력-병렬출력 IC 74164 구조

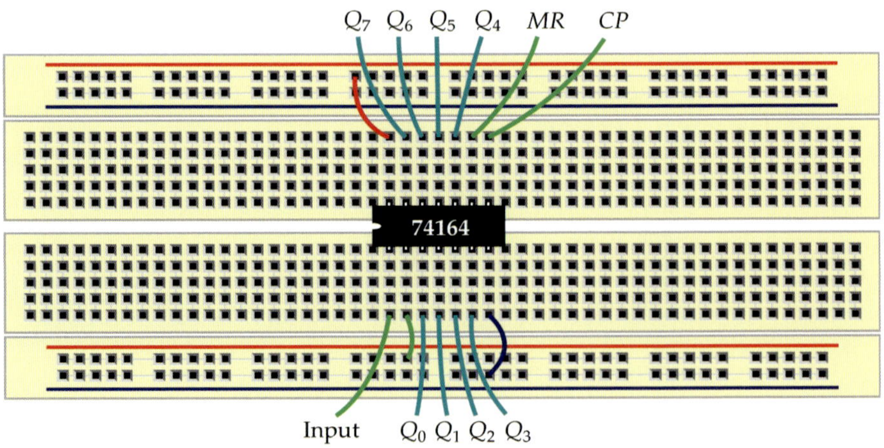

▼ 표 13-4.

클럭펄스 개수	입력 Data	출력 Q_0	Q_1	Q_2	Q_3	Q_4	Q_5	Q_6	Q_7
0		L	L	L	L	L	L	L	L
1	H								
2	H								
3	L								
4	L								
5	L								
6	H								
7	L								
8	H								
9	L								

(4) 그림 13-8의 8비트 병렬입력-직렬출력 레지스터 74165 IC를 이용하여 8비트 레지스터 회로를 구성하고 표 13-5의 데이터를 입력하고 출력되는 결과를 표 13-4에 기록하라. (P_0, P_1, P_2, P_3, P_4, P_5, P_6, P_7의 값을 설정하고 PL에 Low를 가하면 데이터는 8비트 레지스터에 저장된다. DS를 Low 또는 High로 하고 클록을 가하면 데이터는 1비트씩 오른쪽으로 이동한다.)

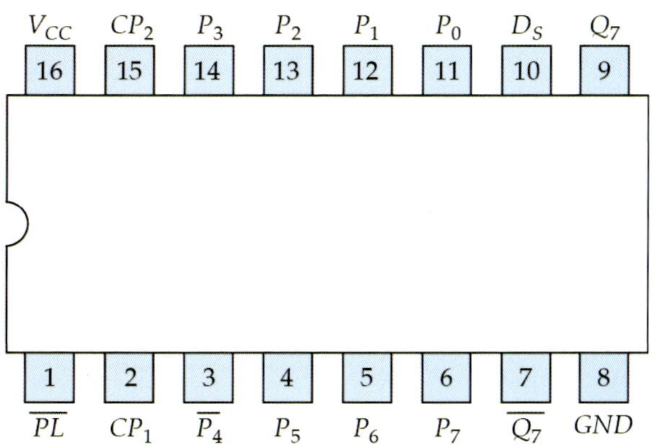

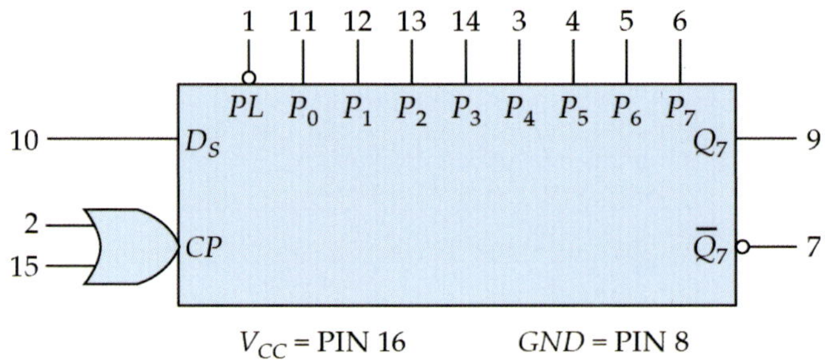

| 그림 13-8 | 8비트 병렬입력-직렬출력 IC 74165 구조

DS:Serial Data Input, PL:Parallel Load Input

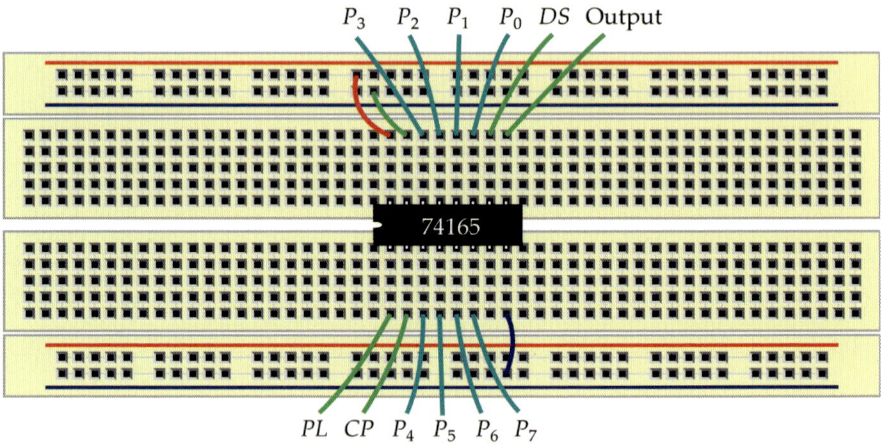

▼ 표 13-5.

입력 데이터							
P_0	P_1	P_2	P_3	P_4	P_5	P_6	P_7
L	H	H	L	H	L	L	H

클럭 개수 Clock	1	2	3	4	5	6	7	8	9	10	11	12
출력 Q_7												

5 실험 결과 검토 및 고찰

(1) 레지스터의 기능에 대하여 설명하라.

(2) 메모리와 레지스터의 차이점은 무엇인지 설명하라.

(3) 데이터 레지스터와 시프트 레지스터의 차이점을 설명하라.

04

응용논리회로편

실험 14

응용논리회로(발진회로)

1 실험 목적

이 실험의 목적은 디지털회로에 사용되는 발진회로를 구성하여 원하는 주파수의 구형파를 얻어 디지털회로에서 신호나 클록펄스로 사용할 수 있도록 한다.

본 실험에서는 인버터를 사용하여 발진회로를 구성한 것과 555 타이머를 이용하여 비안정 동작을 하도록 하여 구형파를 얻는 실험을 한다.

2 관련이론

디지털 시스템에서는 입력 값뿐만 아니라 회로의 동작을 위하여 클록이 입력되어 동작하도록 하는 회로가 많다. 이를 위하여 구형파(펄스파) 발생기가 필요한데 이것을 멀티바이브레이터(multivibrator)라 한다. 이 파형 발생기는

- 비안정발진기(astable multivibrator) : 구형파
- 단안정발진기(monostable multivibrator) : 단일 펄스
- 쌍안정발진기(bistable multivibrator) : 두 가지 안정상태

와 같이 세 가지로 나눌 수 있다.

1. TTL 구형파 발생기

그림 14-1과 같이 인버터와 저항, 콘덴서를 이용한 구형파 발생기로 첫 번째 인버터의 출력은 저항 R_1을 통하여 궤환되고, 또한 C_2를 통하여 두 번째 인버터로 전달되어 둘째 인버터 출력에서는 처음 것에 대하여 360도 위상차가 발생된다. 두 번째 인버터의 출력은 C_1을 통하여 첫 번째 인버터로 정궤환이 일어난다.

만일 R_1과 R_2, C_1과 C_2의 값이 같다면 높은 전압 상태로 되는 시간과 낮은 전압 상태로 되는 시간이 같은 구형파를 얻을 수 있다. 이 회로의 출력 파형은 계속되는 일련의 펄스 모양이 되며 발진 주파수는 다음과 같다.

$$f = \frac{1.4}{R_1 C_2 + R_2 C_1}$$

이 회로에서는 C_1 대신에 수정발진자를 사용하면 수정발진자가 L성분이 되는 주파수 영역에서 R-L-C 공진회로가 형성되어 안정된 발진을 얻을 수 있다.

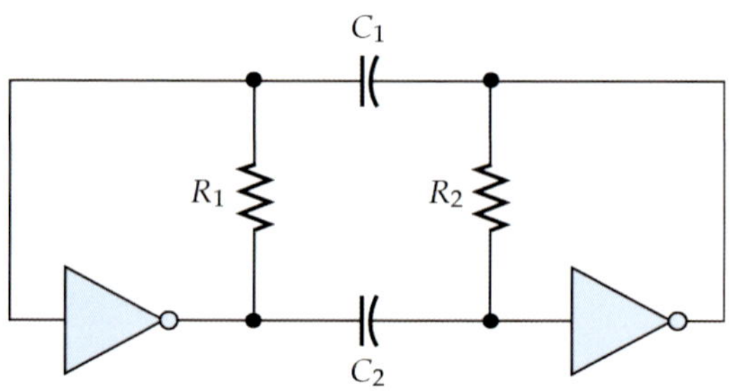

그림 14-1 펄스 발생회로

2. 555 타이머를 이용한 회로

555 타이머 IC는 외부에 저항과 콘덴서를 연결하여 충전과 방전 시간을 조정하여 원하는 주파수 및 구형파와 펄스파를 얻는데 널리 사용된다. 또한 외부에서 신호(전압)를 인가하여 트리거 및 기준 전압을 변경하여 임의의 파형을 얻을 수 있다.

555타이머는 전원이 연결되면 R_1, R_2를 통하여 C_1을 충전하게 되는데 충전 전압이 전원전압의 2/3이상이 되면 Threshold의 전압이 전원의 2/3가 되어 R_2를 통하여 7번 (Discharge) 단자로 방전을 시작한다. 방전에 의하여 전압이 전원의 1/3이하로 낮아지면 트리거(Trigger)는 전원 전압의 1/3로 정해져있어 이 전압보다 낮으면 방전은 중단되고 C_1으로 전원전압에 의하여 다시 충전을 시작한다. 이와 같이 충전과 방전에 의하여 일정한 파형을 얻을 수 있고 R, C값을 바꾸어 충전, 방전 시간을 조정할 수 있다. 그림 14-2는 555 타이머 IC를 이용한 발진회로로 그림 14-3과 같은 신호를 얻을 수 있는데 출력되는 구형파 신호는 High가 되는 시간영역 t_1과 Low가 되는 시간영역 t_2로 나눌 수 있고 각각의 시간 값은

$$t_1 = 0.693(R_1 + R_2)C_1$$

$$t_2 = 0.693 R_2 C_1$$

이다.

주파수와 듀티 사이클(Duty cycle)은

$$f = \frac{1}{T} = \frac{1}{t_1 + t_2} = \frac{1.443}{(R_1 + 2R_2)C_1}$$

그리고

$$D = \frac{t_1}{T} = \frac{t_1}{t_1 + t_2} = \frac{R_2}{R_1 + 2R_2} \times 100\%$$

이다. R_1은 과전류 방지를 위하여 $500\,\Omega$ 이상을 사용한다.

듀티 사이클을 약 50%가 되게 하기 위해서는 $R_1 \ll R_2$로 하여 Low와 High가 거의 같은 폭이 되게 할 수 있으며, 이 때의 주파수는

$$f \simeq \frac{0.72}{R_2 C_1}, \quad (R_1 \ll R_2,\ R_1 \geq 500\,\Omega \text{ 일 때})$$

이다.

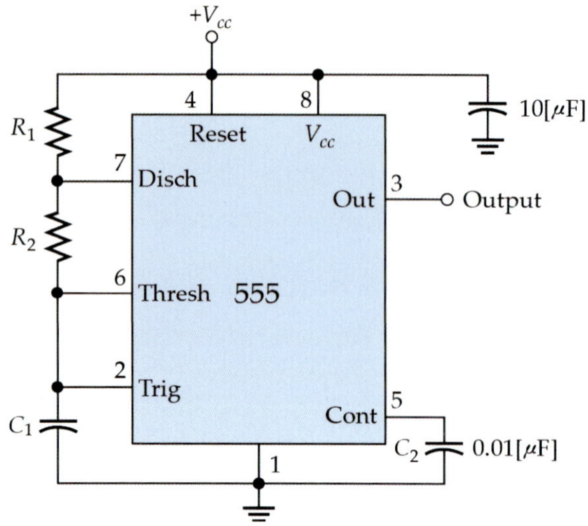

❙ 그림 14-2 ❙ 구형파 발생회로

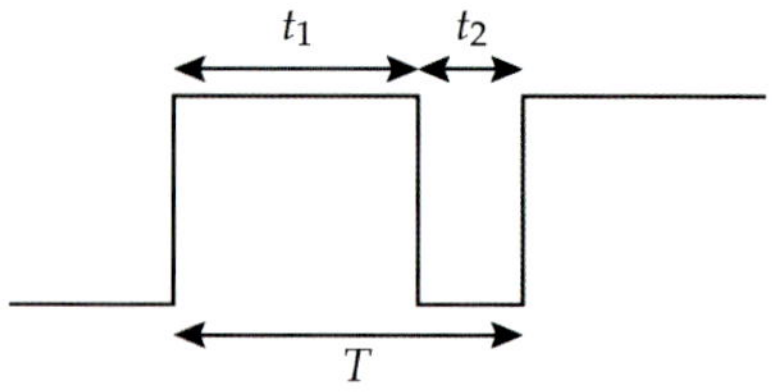

❙ 그림 14-3 ❙ 출력 파형

3 실험 부품

번호	재 료 명	규 격	단 위	수 량
1	IC	7404 또는 대치부품	개	1
2	IC	555 또는 대치부품	개	1
3	콘덴서	10μF	개	2
4	콘덴서	0.1μF	개	2
5	콘덴서	0.01μF	개	1
6	저항	1kΩ, 1/4W	개	2
7	저항	11kΩ, 1/4W	개	1
8	저항	33kΩ, 1/4W	개	1

4 실험

(1) 그림 14-4의 TTL 발진기 회로를 구성하고 오실로스코프로 출력 파형을 측정하여 파형을 그려라.

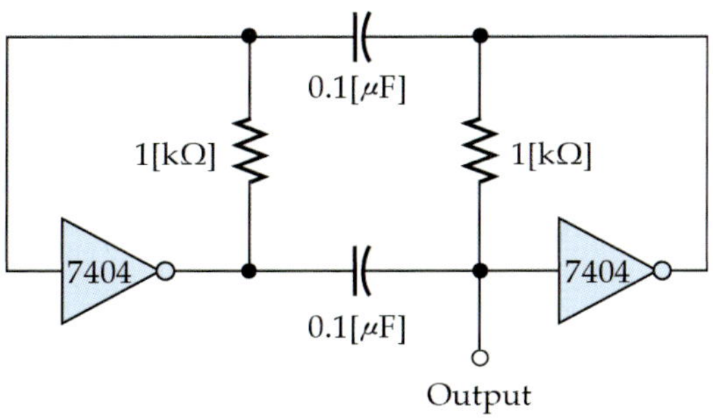

▌그림 14-4▐ TTL 발진기 회로도

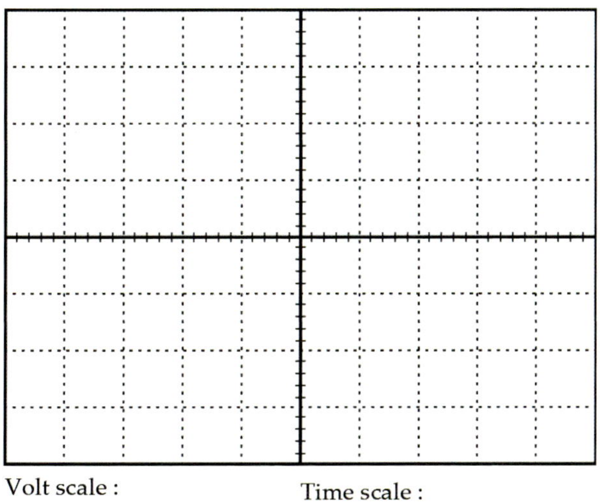

(2) 그림 14-5의 555 타이머를 이용한 발진기 회로를 구성하고 오실로스코프로 출력 파형을 측정하여 파형을 그려라.

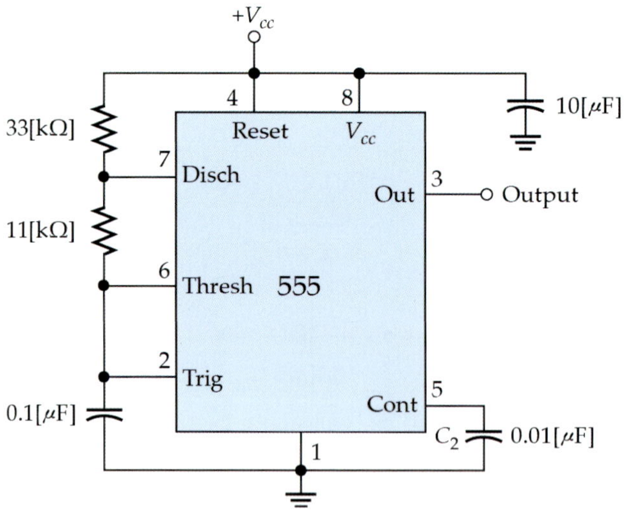

| 그림 14-5 | 발진기 회로도

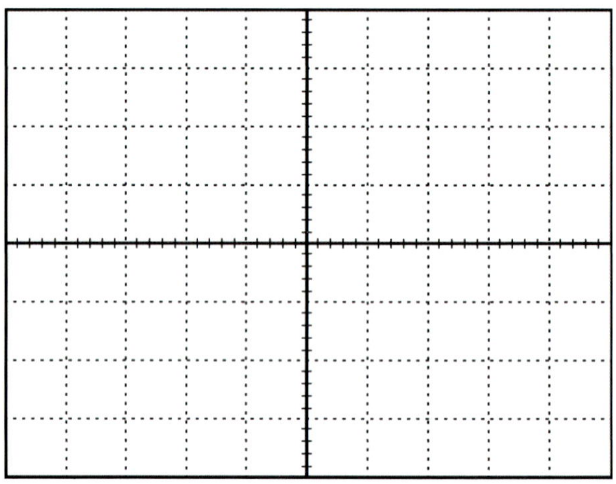

(3) 그림 14-5의 555 타이머를 이용한 발진기 회로에서 R_1과 R_2를 서로 바꾸고 오실로스코프로 출력 파형을 측정하여 파형을 그려라.

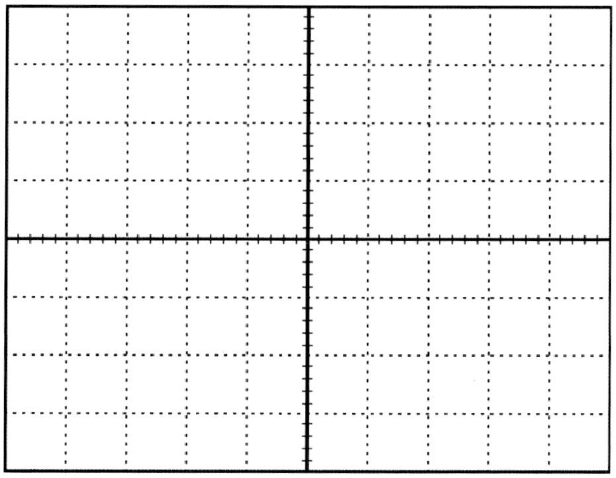

Volt scale : Time scale :

(4) 그림 14-5의 555 타이머를 이용한 발진기 회로에서 C_1을 10μF으로 바꾸고 오실로스코프로 출력 파형을 측정하여 파형을 그려라.

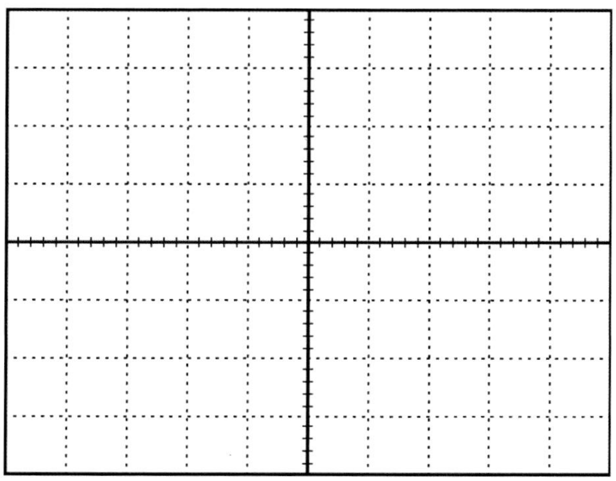

Volt scale : Time scale :

5 실험 결과 검토 및 고찰

(1) 555 타이머를 이용한 발진기회로에서 R_1과 R_2의 값이 파형의 모양과 주파수에 미치는 영향을 설명하라.

(2) 555 타이머를 이용한 발진기회로에서 C_1의 값이 작거나 커지면 어떤 효과가 있는지 설명하라.

실험 15 응용논리회로(10진 카운터)

1 실험 목적

이 실험의 목적은 디지털회로 설계 능력을 배양하기 위한 응용회로 설계 및 구현으로 본 실험에서는 새로운 이론이나 내용을 학습하기 보다는 그동안 학습했던 내용을 토대로 하여 디지털 응용회로를 설계, 구현하고 실험을 통해 동작을 확인 한다. 디지털 응용회로의 예로 발진기와 카운터를 구성하는 실험으로 디지털회로 개념 정립과 응용에 대한 학습에 도움이 될 것이다.

2 관련이론

1. 555 타이머

이 IC는 TTL IC가 아니고 Linear IC이다. 따라서 TTL 공급 전압의 한계와 관계없이 18V까지 인가시켜도 동작이 가능하다. 즉 TTL과 Compatible한 이 IC는 외부에 R과 C를 연결하여 단안정 멀티바이브레이터(Monostable Multivibrator)와 비안정 멀티바이브레이터(Astable Multivibrator)로서 널리 사용된다. 그림 15-1은 555 Timer를 비안정 멀티바이브레이터(Astable Multivibrator)로서 이용한 구형파 발생기로서 출력 구형파가 High 전압이 되는 시간 간격 t_1과 Low 전압이 되는 시간 간격 t_2는 각각 다음과 같이 주어진다.

$$t_1 = 0.693(R_A + R_B)C, \qquad t_2 = 0.693 R_B C$$

이때 구형파의 주파수와 Duty Cycle은 다음과 같이 주어진다.

$$f = \frac{1}{t_1 + t_2} = \frac{1}{0.693(R_A + 2R_B)C}$$

$$Duty\ Cycle = \frac{t_1}{t_1 + t_2} = \frac{R_B}{R_A + 2R_B} \times 100\%$$

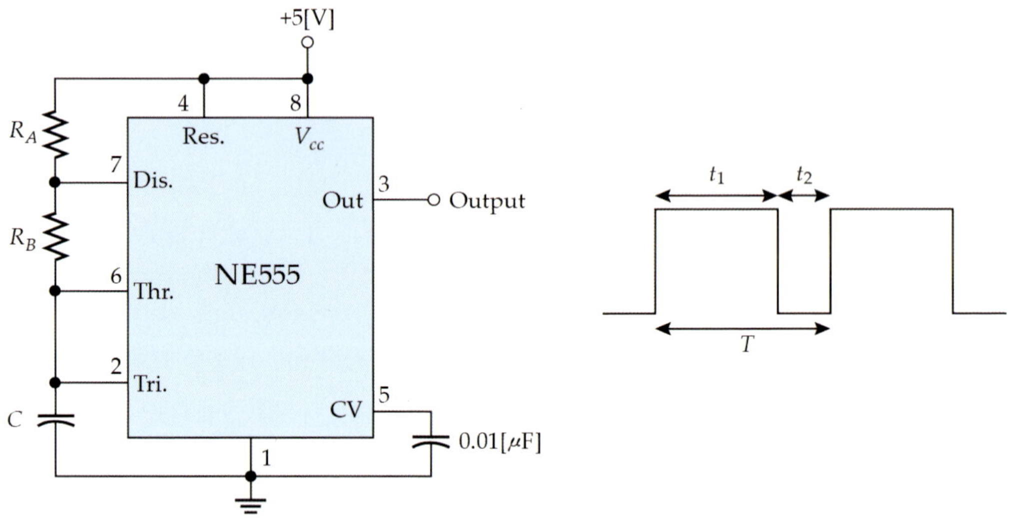

▎그림15-1▎ IC 핀 배치도

2. 7490(2진 10진 리플 카운터)

7490은 2진 카운터(1개의 플립플롭)와 5진 카운터(3개의 플립플롭)가 독립적으로 내장되어 있다. 2진 카운터로 사용할 때는 클럭 입력을 CP_0(14번 Pin)에 넣고 출력은 Q_0에서 얻는다. 5진 카운터로 사용할 때는 클럭 입력을 CP_1(1번 Pin)에 넣고 출력은 Q_1, Q_2, Q_3에서 얻는다. 따라서 Q_0를 CP_1에 연결하고 클럭 입력을 CP_0에 넣으면 10진 카운터로 사용할 수 있으며 출력은 Q_0, Q_1, Q_2, Q_3에서 얻는다. Master Reset MR_1, MR_2는 둘 다 1로 함으로써 카운터 출력을 0000으로 Reset하기 위한 것이다. 또한 Master Set MS_1, MS_2는 둘 다 1로 함으로써 카운터 출력을 비동기적으로 최대 카운트 1001(9)로 Set하기 위한 것이다.

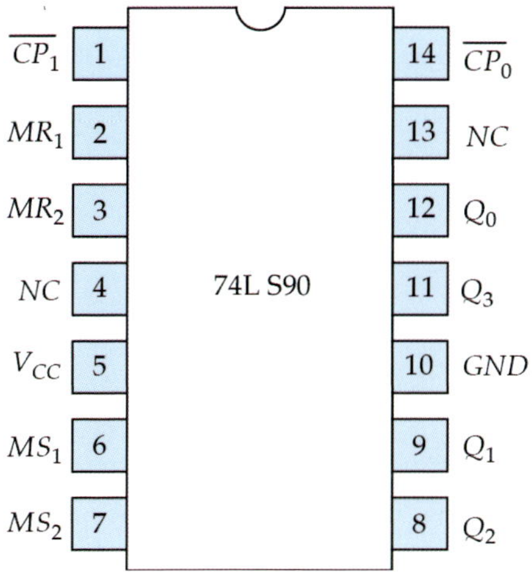

7490의 핀 배치도

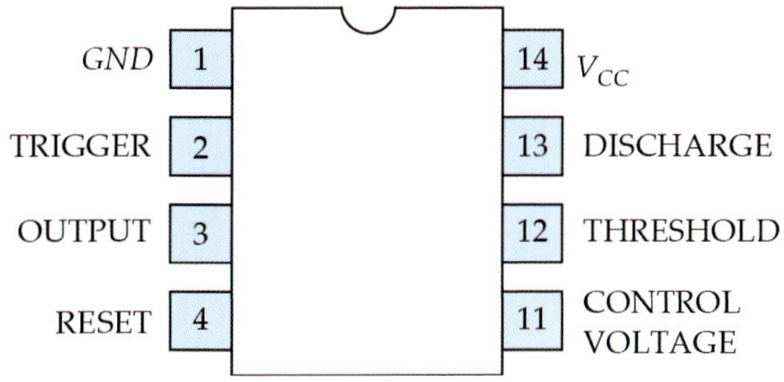

555의 핀 배치도

그림 15-2 IC 핀 배치도

3 실험 부품

번호	재 료 명	규　　격	단 위	수 량
1	IC	7490	개	1
2	IC	555	개	1
3	콘덴서	10μF	개	1
4	콘덴서	0.1μF	개	1
5	저항	330Ω, 1/4W	개	4
6	저항	470Ω, 1/4W	개	1
7	저항	10kΩ, 1/4W	개	1
8	저항	27kΩ, 1/4W	개	1
9	가변저항	500kΩ,	개	1
10	LED	녹색	개	1
11	스위치	푸쉬버튼, 소형	개	1

4 실험

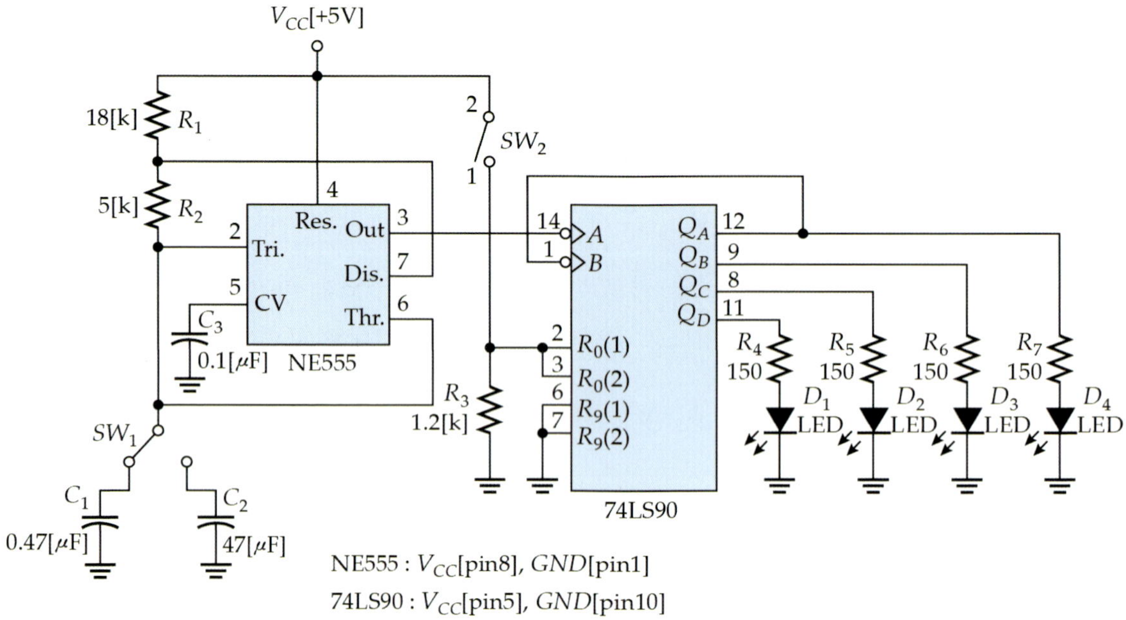

▌그림 15-3▐ 발진 및 카운터 회로

(1) 그림 15-3의 회로를 구성하고 완료되면 전원을 인가하여 다음 사항을 수행한다.

NE555의 3번 Pin에서 출력되는 주파수를 SW_1을 회로내의 1과 2로 변경하며, 그 때의 주파수를 측정한다.

- SW_1이 1(C_1)일 때 발진 주파수 :
- SW_1이 2(C_2)일 때 발진 주파수 :

(2) SW_1의 위치를 2 위치로 접속하고, SW_2를 'ON'하였다가 'OFF'로 유지하면서 LED의 점등 상태를 기록한다. 단, LED가 'ON = 1'로 표기, LED가 'OFF = 0'으로 표기한다.

클럭수	LED1	LED2	LED3	LED4
1				
2				
3				
4				
5				
6				
7				
8				
9				
10				

(3) SW_1의 위치를 1 위치로 접속하고 IC(7490)의 $Q_A \sim Q_D$단에서의 출력파형을 측정하여 기록한다.

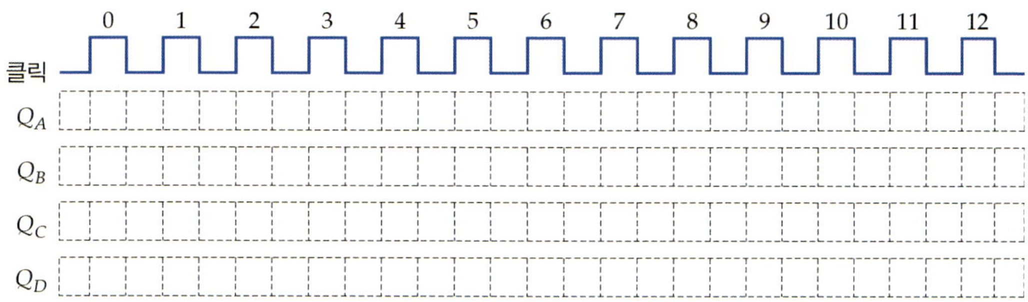

5 실험 결과 검토 및 고찰

(1) C_1과 C_2를 변경하였을 때 발진 주파수는 어떻게 변하며 왜 변하는지 설명하라.

(2) 7490의 12번 핀과 1번 핀이 왜 연결되었는지 이유를 설명하라.

실험 16 응용논리회로(디지털 시계)

1 실험 목적

이 실험의 목적은 디지털회로 설계 능력을 배양하기 위한 응용회로 설계 및 구현으로 본 실험에서는 새로운 이론이나 내용을 학습하기보다는 그동안 학습했던 내용을 토대로 하여 디지털 응용회로를 설계, 구현하고 실험을 통해 동작을 확인 한다. 디지털 응용회로의 예로 주변에서 흔히 볼 수 있는 디지털 시계를 카운터 및 디코더를 이용해 설계하고 관련 부품을 이용해 구성하여 동작시킨다. 사실 이와 같은 디지털 시계는 실제 우리 주위에서 보는 시계보다 훨씬 간단한 것이긴 하지만 디지털 응용회로 설계에 대한 개념 정립과 설계 절차 등에 대한 학습에 도움이 될 것이다.

2 관련이론

1. 설계사양

주변에서 흔히 볼 수 있는 디지털 시계는 카운터를 이용해 설계할 수 있는 대표적인 순차회로의 하나이다. 이와 같은 디지털 시계를 설계하기 위해서 기본적으로 필요한 것은 디지털 시계의 전체 블록도를 보면 클록펄스 발진 및 1초를 맞추기 위한 분주기, MOD-N 카운터 등이 필요하다. 초, 분, 시 카운터를 위한 6진 카운터, 10진 카운터, MOD-12 카운터와 시간 표시를 위한 7세그먼트 표시기를 비롯하여 BCD-to-7세그먼트 디코더(TTL 7447), 12시간 표시 디코더가 필요하다.

| 그림 16-1 | 디지털 시계 블록도

2. Modulo-N 카운터

디지털 시계는 초의 일의 자리에는 0에서 9까지 카운트하는 10진 카운터가 필요하고 십의 자리에는 0에서 5까지 카운트하는 6진 카운터가 필요하다. 10진 카운터는 0부터 9까지 카운트하며, 다시 0이 되는 순간 십의 자리에서는 1이 증가한다. 이렇게 반복적으로 카운트하여 십의자리에 5, 일의자리에 9, 즉 59까지 카운트하고 00이 되는 순간 분의 일의 자리에 카운터가 1증가 한다.

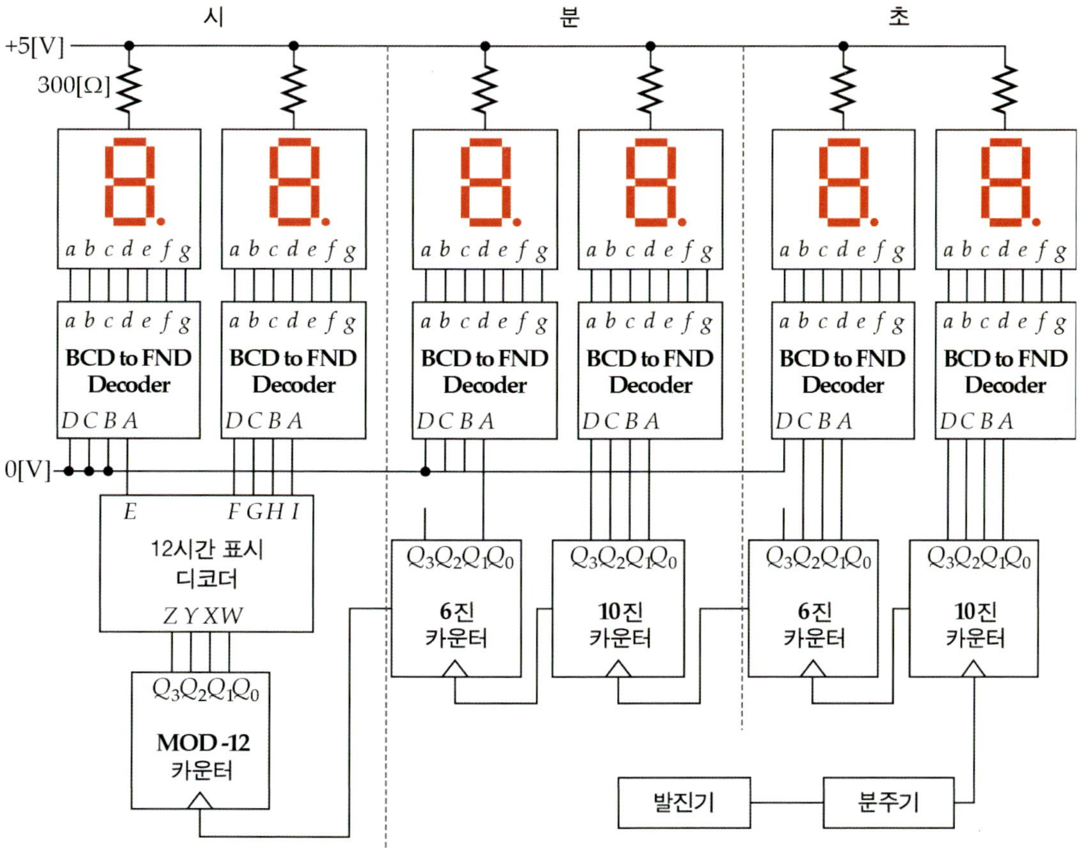

| 그림 16-2 | 디지털 시계 전체 블록도

마찬가지로 분의 일의자리에 해당하는 10진 카운터는 초의 십의자리에 해당하는 6진 카운터가 5에서 0으로 변하는 시점에 맞추어 1씩 증가해야 한다. 또한 시 자리에서는 60분마다 1시간씩 증가를 나타내고 12에서 1, 2, 3, 4, 5, 6, 7, 8, 9, 10, 11까지, 그리고 다시 12로 반복되는 MOD-12 카운터가 필요하다. 전체적으로 디지털 시계의 각 자리별 카운터가 1이 증가하는 시점을 정리하면 다음과 같다.

- 초의 일 자리 10진 카운터 증가 : 1Hz 클록이 인가될 때마다.
- 초의 십 자리 6진 카운터 증가 : 초의 일의자리 10진 카운터가 9에서 0으로 변할 때.
- 분의 일 자리 10진 카운터 증가 : 초의 십의자리 6진 카운터가 5에서 0으로 변할 때, 즉 59초에서 00초로 변할 때
- 분의 십 자리 6진 카운터 증가 : 분의 일의자리 10진 카운터가 9에서 0으로 변할 때, 즉 x9분 59초에서 y9분 00초로 변할 때.
- 시의 MOD-12 카운터 증가 : 분의 십 자리 6진 카운터가 5에서 0으로 변할 때, 즉 59분59초에서 00분00초로 변할 때.

따라서 초와 분을 위해서는 6진, 10진 카운터가 필요하다.

10진 카운터는 7490 IC를 이용하여 구성할 수 있는데 7490은 2진 카운터와 5진 카운터 기능을 가지고 있어, 2진 카운터의 출력을 5진 카운터의 클록으로 활용하면 10진 카운터가 된다. 6진 카운터는 7492 IC를 이용하여 구성할 수 있는데 7492는 2진 카운터와 MOD-6 카운터 기능을 가지고 있어, 2진 카운터의 출력을 MOD-6 카운터의 클록으로 활용하면 MOD-12 카운터가 된다. 이 카운터의 출력중 하위 3비트를 사용하면 6진 카운터가 된다.

시를 카운트하기 위해서는 12진 카운터가 필요한데 7492 IC를 이용하여 MOD-12 카운터를 구성하여 활용하면 된다. 다만 1~12시간을 표시해야 하므로 이 시간을 나타내는 시간 표시 디코더가 별도로 필요하다.

3. 시간 표시를 위한 디코더

시계에서 시, 분, 초의 숫자를 표시하기 위해서는 카운터들의 값을 눈으로 볼 수 있도록 7세그먼트를 사용한다. 분이나 초를 나타내는 6진 또는 10진 카운터들은 BCD-to-7세그먼트 디코더(7447)를 이용하여 값을 쉽게 표시할 수 있다. 그러나 시를 나타내는 12진 카운터의 경우에는 조금 복잡하다. 12진 카운터는 0부터 11까지 카운트하지만 디지털 시계는 0

시라고 표현하지 않고 12시로 표시한다. 따라서 12진 카운터의 값이 0일 경우 12시로 표시되도록 해야 할 필요가 있다. 또한 12진 카운터의 값이 10 또는 11일 경우 하나의 TTL 7447 디코더와 7세그먼트 표시기로 값을 표시하면 하나의 자리로 표시되기 때문에 알아보기 힘들다. 따라서 10 이상의 수는 두 자리로 표현하기 위해서 디코더를 설계해야 한다. 설계하는 디코더의 기능은 2진수를 입력받아 BCD로 변환하여 출력하는 디코더이다.

1~12시간 표시 디코더 회로는 7447 BCD-to-7세그먼트 디코더을 이용하는 경우 보다 쉽게 회로를 설계할 수 있다. 즉, 7447은 BCD코드를 입력받아 7세그먼트 표시기에 10진수를 나타내므로 그림 16-3과 표 16-1의 진리표에 나타낸 것과 같이 입력되는 2진수를 BCD로 변환하는 역할만을 수행하도록 디코더를 설계하면 된다. 진리표에서 출력 I는 입력받은 숫자의 십의자리를 나타내는 것으로 십진수로 10, 11 또는 0이 입력될 때 1이 출력된다. 진리표에서 나머지 출력 E, F, G, H는 일의자리를 나타내기 위한 4비트를 의미한다. 표에서 입력이 0000일 경우 출력은 10010(BCD로 12)이 출력되고, 1100 또는 1101이 입력될 경우에는 각각 10000(BCD로 10), 10001(BCD로 11)이 출력됨을 볼 수 있다. 진리표로부터 논리식을 구하면

$$I = \overline{W}\,\overline{X}\,\overline{Y}\,\overline{Z} + YZ, \quad H = XZ, \quad G = Y\overline{Z} + \overline{X}\,\overline{Y}Z$$

$$F = \overline{Z}X + \overline{X}\,\overline{Y}(\overline{W} + Z), \quad E = W$$

이를 회로로 구성하면 그림 16-4와 같다.

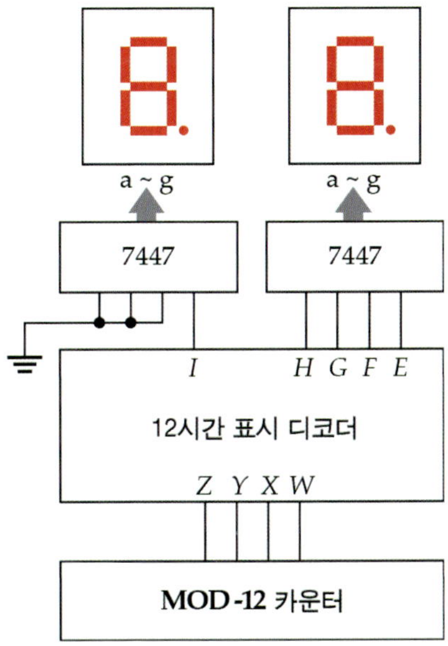

그림 16-3 시간 표시 디코더 블록도

▼ 표 16-1. 시간 표시 디코더 진리표

입력				표시 숫자	BCD 출력				
					십자리	일자리			
Z	Y	X	W		I	H	G	F	E
0	0	0	0	1 2	1	0	0	1	0
0	0	0	1	0 1	0	0	0	0	1
0	0	1	0	0 2	0	0	0	1	0
0	0	1	1	0 3	0	0	0	1	1
0	1	0	0	0 4	0	0	1	0	0
0	1	0	1	0 5	0	0	1	0	1
1	0	0	0	0 6	0	0	1	1	0
1	0	0	1	0 7	0	0	1	1	1
1	0	1	0	0 8	0	1	0	0	0
1	0	1	1	0 9	0	1	0	0	1
1	1	0	0	1 0	1	0	0	0	0
1	1	0	1	1 1	1	0	0	0	1

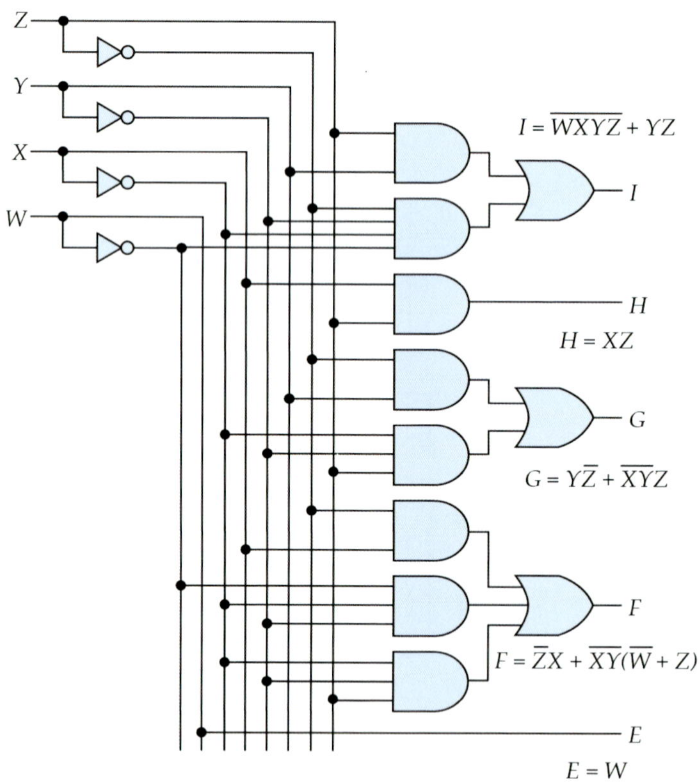

그림 16-4 12시간 표시 디코더 회로도

3 실험 부품

번호	재 료 명	규　　격	단 위	수 량
1	IC	7404	개	1
2	IC	7408	개	2
3	IC	7411	개	2
4	IC	7432	개	1
5	IC	7447	개	6
6	IC	7490	개	3
7	IC	7492	개	3
8	IC	4020	개	1
9	7-segment	common anode	개	6
10	저항	300Ω, 1/4W	개	12

4 실험

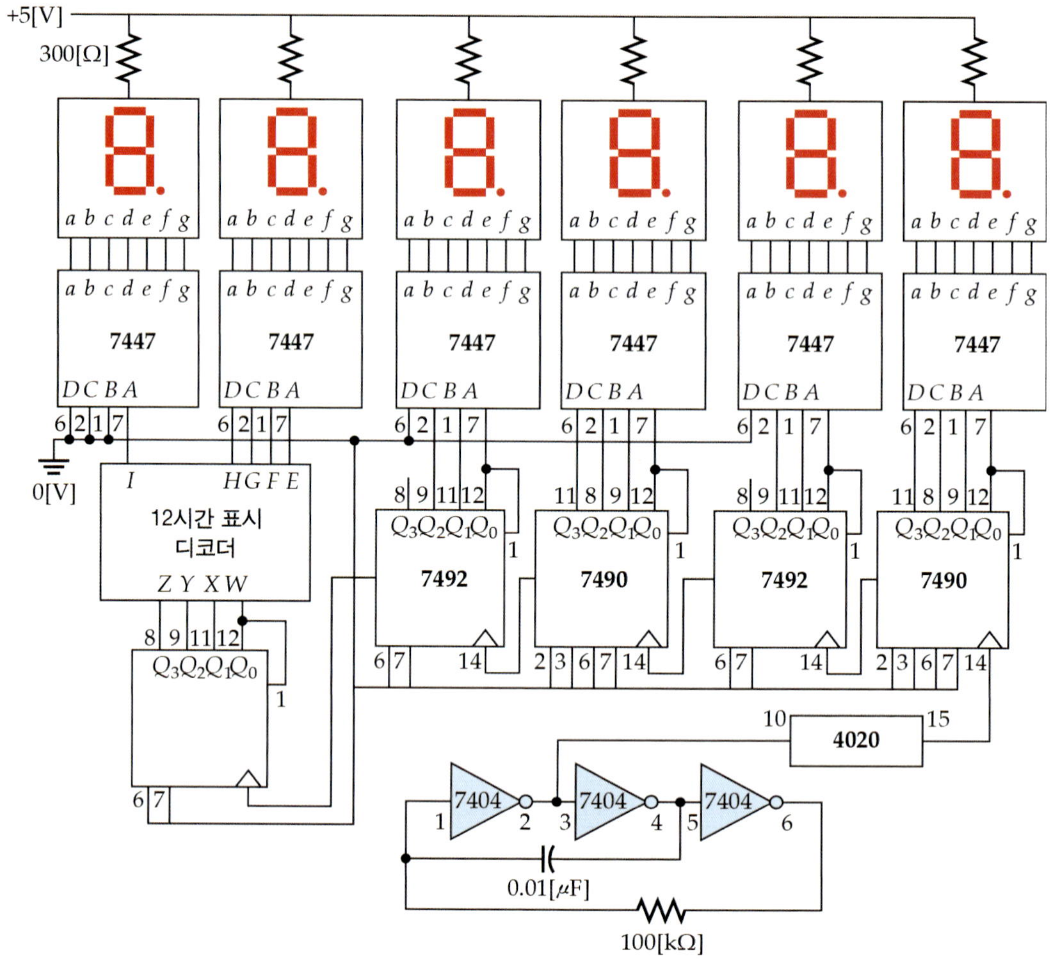

▌그림 16-5▐ 디지털 시계 전체 회로도

(1) 그림 16-5의 디지털 시계 회로에서 발진기 및 분주기 회로를 구성하여 발진기의 파형을 그려라. 또한 분주기(4020 IC)를 연결하여 분주 동작을 확인하라.

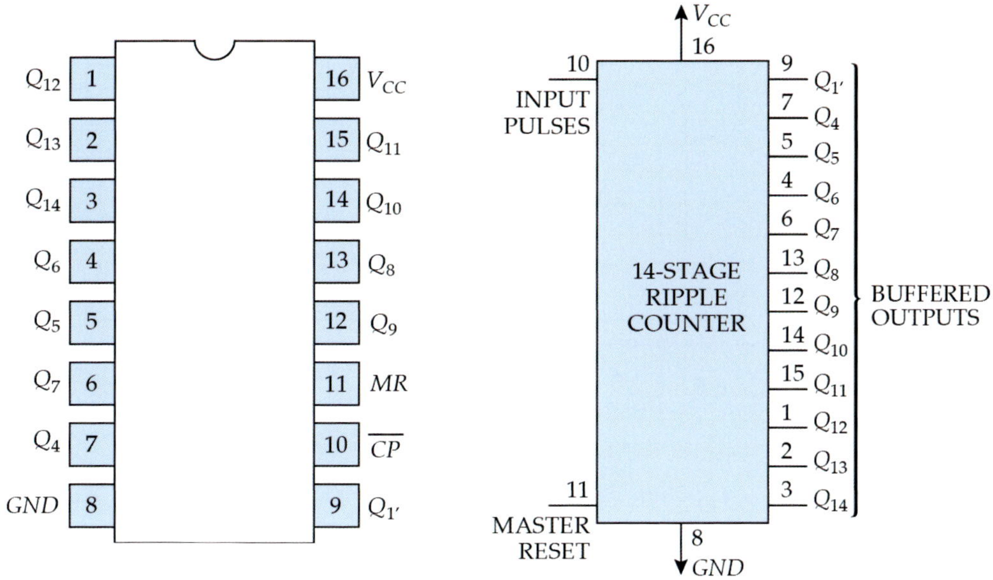

| 그림 16-6 | 744020의 구조

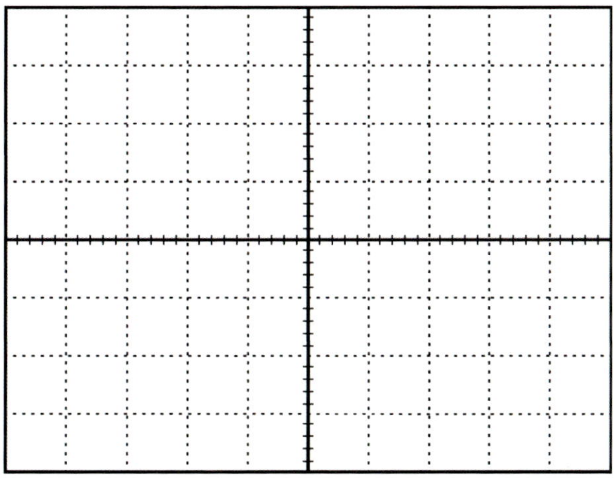

Volt scale :　　　　Time scale :

(2) 그림 16-5의 디지털 시계 회로에서 6진 및 10진 카운터 회로를 구성하여 동작을 확인하라.

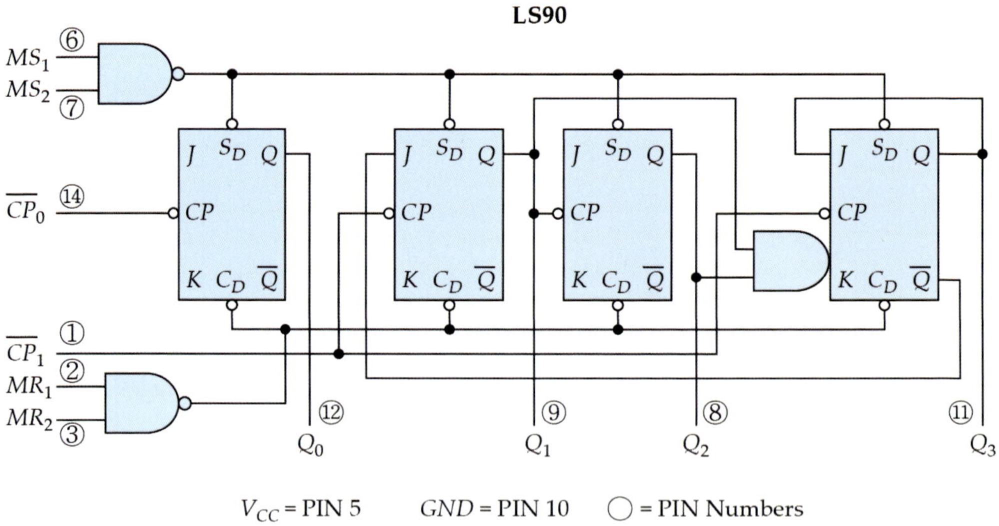

▌그림 16-7 ▌ 7490 구조

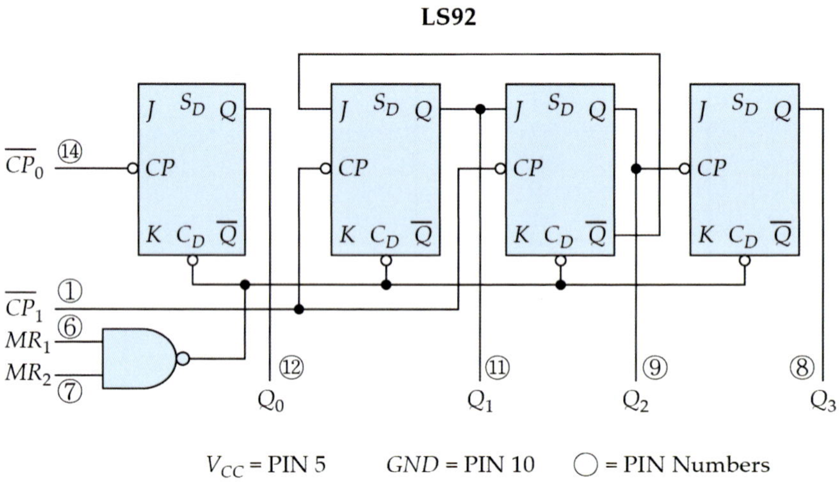

▌그림 16-8 ▌ 7492 구조

(3) 그림 16-5의 디지털 시계 회로를 구성하여 동작을 확인하라.

5 실험 결과 검토 및 고찰

(1) 디지털 시계 구성에 필요한 요소를 논하고 다른 방법으로 가능한가를 검토하라.

(2) 12시간 표시 디코더 진리표로부터 논리식을 구하는 과정을 써라.

■ 저 자

- 신 헌 철 / 충북보건과학대학교 반도체전자과 교수
- 김 태 훈 / 충북보건과학대학교 에너지전기과 교수
- 이 용 일 / 경북전문대학교 전자과 교수
- 김 일 진 / 대덕대학교 해양기술부사관과 교수

디지털 논리회로 실험

인쇄 2017년 8월 26일
발행 2017년 8월 30일

저 자 신헌철 · 김태훈 · 이용일 · 김일진 공저
발행인 임 영 철
발행처 도서출판 신화전산기획
주소 / 서울특별시 성동구 행당동 19-55
전화 / (02) 833-5145~6
팩스 / (02) 848-2498
등록 / 301-2010-034
홈페이지 / www.shj.co.kr

값 19,000원 ISBN 978-89-5534-207-9 93560